男孩，你要学会保护自己

乔乐　著

四川辞书出版社

图书在版编目 (CIP) 数据

男孩，你要学会保护自己 / 乔乐著. —成都 : 四川辞书出版社，2022. 5

ISBN 978-7-5579-1065-5

Ⅰ. ①男… Ⅱ. ①乔… Ⅲ. ①男性-安全教育-青少年读物 Ⅳ. ①X956 -49

中国版本图书馆 CIP 数据核字（2022）第 053480 号

男孩，你要学会保护自己

NANHAI，NI YAO XUEHUI BAOHU ZIJI

乔乐　著

统筹策划 / 董志强
责任编辑 / 赵积将
封面设计 / 仙　境
责任印制 / 肖　鹏
出版发行 / 四川辞书出版社
地　　址 / 成都市锦江区三色路 238 号
邮　　编 / 610023
印　　刷 / 运河（唐山）印务有限公司
开　　本 / 700mm×1000mm　1/16
版　　次 / 2022 年 5 月第 1 版
印　　次 / 2022 年 5 月第 1 次印刷
印　　张 / 14. 25
书　　号 / ISBN 978-7-5579-1065-5
定　　价 / 49. 80 元

· 本书如有印装质量问题，请拨打以下客户服务电话
· 客户服务电话：15321110112

前 言

男孩的成长不会是一帆风顺的，这一路上总是免不了磕磕绊绊，会遇到各种各样的问题与风险。它们可能是天灾，也可能是人祸。每一个父母都会尽全力保护自己的孩子，以免他受到不必要的伤害。但是男孩终究要长大，走进校园，走上社会，一个人面对各种问题与风险。

所以，父母要学会对男孩放手，给他更多的机会去历练、去成长。但是，对于每一个男孩来说，成长都是一场征战。男孩想要不断地成熟、独立和自信，前提是先学会保护自己，保证自己健康成长。

我们都知道，与女孩相比，男孩相对勇敢与坚强，但是他们实际上也同样脆弱，需要被保护和学会自我保护。所以，在男孩成长过程中，父母要根据男孩的身心发育特点进行及时有效的安全教育，让其养成自我保护的意识和习惯。

男孩是勇敢的、有担当的，往往更愿意帮助和保护别人，习惯分享和贡献。这是正确的，然而很多男孩却过于“无私”，眼里只有别人，却忽视了自己。乐于助人，却委屈了自己；保护别人，却让自己陷入危险之中。男孩是善良的、纯真的，即使面对陌生人通常也戒心不足，容易相信陌生人，容易落入陌生人设下的陷阱。因为少了一分谨慎，让自己多了一些危险。因为社会经验不足、缺乏自控力，他们往往被动地受情绪牵制，同时难以抵制各种诱惑。

与此同时，因为身心尚未成熟，在面对自然灾害、意外伤害以及侵害的时候，男孩往往处于被动地位。遭遇地震、火灾等意外时，他们不知道如何应对和自救；面对性侵害，他们不懂大胆地反抗，不敢告知父母，甚至缺少身体自主权意识；面对校园霸凌，他们习惯逆来顺受，任凭别人嘲笑和欺负自己……

可以说，很多男孩的安全教育是缺失的。他们要么没有自我保护意识，遭到了伤害却不自知；要么缺乏自我保护的能力，受到伤害却不知道如何自保和自救。因此父母必须帮助男孩树立自我保护意识，并引导其养成自我保护的习惯。只有这样，在面对一些突发事故和侵害时，男孩才会积极争取父母、老师和警察的保护，同时也会尽自己所能，用智慧保护自己的合法权益和身心不受伤害。

《男孩，你要学会保护自己》这本书，是给每一个家长看的，也是给每一个男孩看的。我们从关爱男孩的角度出发，通过一个个鲜活的案例，并且结合男孩的身心发展特点及其在当今社会环境下可能遭遇的一些安全问题，为家长们和男孩们提供有效指导。本书旨在帮助家长走出一些误区，更重要的是向男孩传达一些科学的自我保护的知识和技巧，唤醒男孩的自我保护意识，让其学会爱自己、重视自己和保护自己。

男孩只有保护好自己，变得坚定、勇敢，才能健康快乐地成长，迎来美好的未来和人生。

目 录

第一章 成长是一场征战，要学会保护自己

第二章 男孩，穿好铠甲，才能拿稳利剑

第三章 面对陌生人，多一分谨慎，少一些危险

第四章 察言观色，练就一双“火眼金睛”

第五章 学会自我控制，你才是情绪的主人

第六章 分清虚幻与现实，别在网络世界中迷失

第七章 意外来临时，先让自己镇定下来

第八章 男孩，小心藏在书包里的玫瑰

第九章 男孩的"安全守则"，别让青春留下遗憾

第一章

成长是一场征战，要学会保护自己

男孩，人的成长是一条漫长的道路，虽然这条道路上有父母、老师为你保驾护航，但仍不能保证你完全不被这个世界上的恶意所伤害。想要安全地成长，顺利地来到人生的下一个阶段，你就必须学会如何保护自己。

安全教育，从树立安全意识开始

最近，球球家所在的小区里出了几起盗窃事件，闹得人心惶惶，幸好公安人员破案效率高，很快就抓获了这个盗窃小团伙。据说这个小团伙每次在作案前都会先派人去“踩点”，打探哪户人家最近没有人，小区里不少警惕性低的小孩子都被这些“踩点”的人搭过话。

出了这件事后，小区的物业公司便组织业主们开展了几场安全教育活动，提醒大家做好防范措施，尤其是要帮助孩子树立安全意识，让坏人无机可乘。

这天，球球的妈妈听完安全教育讲座，刚回到家就瞧见球球在和邻居阿姨聊天，几句话就把自家情况交代了个清清楚楚。她突然意识到，原来自家也有“安全隐患”啊！

晚上，妈妈特意把爸爸和球球一起叫到客厅，开了个家庭会议，议题就是“如何树立球球的安全意识”。

一开始，爸爸还有些不以为然，说道：“球球现在年纪还小，思想比较单纯，不会想那么多。而且，他会和邻居阿姨说那么多，也是因为咱们两家抬头不见低头见，都是老熟人了！”

妈妈无奈地说道：“球球爸，关键是咱球球没有安全意识，不知道哪些事情可以对别人说，哪些事情不可以对别人说。你想想，今天球球和邻居阿姨聊天，可以毫无防备地把家里的事情告诉她，那往后要是别人和球球套近乎，等球球觉得自己和那人熟悉了，是不是也会轻易地就把家里的事情告诉别人呢？前阵子小区里的那几起盗窃案不就是这样发生的吗？那些坏人天天在小区里转悠，和小孩子聊天，套他们的话。这还只是点财物损失，要是遇上人贩子，几句话把孩子骗走了，那咱找谁哭去？”

听了妈妈的话，爸爸这才认识到了问题的严重性，就赶紧把儿子拎过来，展开了安全教育。

在父母的保护下，孩子一直生活在一种安全的环境中，孩子不会知道，这个世界上其实存在很多的陷阱和危险。而很多父母在教育孩子时，也往往会因为孩子年纪小而特意避免让他们接触到一些阴暗的事情，希望通过这样的方式来保护孩子，让孩子能健康成长。

但成长就如同人生路上的一场征战，男孩终究要踏上自己的征程。在此之前，如果他们始终不曾面对过世界的黑暗，对一切都充满信任，那么当危险来临时，他们就很可能会遭受到巨大的伤害。就像球球，因为邻居阿姨是“熟悉的人”，就毫无防备地把自己家里的情况都告诉对方，那么，在面对其他“熟悉的人”时，球球是不是也会这样做呢？假如那个“熟悉的人”不怀好意，那么结果又会如何呢？

在男孩的成长路上，安全教育是一门至关重要的必修课。父母不可能时时刻刻都围着孩子转，给孩子全方位无死角的保护。随着孩子的成长，无论是离开父母的时间还是离开父母的机会都会越来越多，其独自面对危险的可能性也会越来越大。因此，父母要有意识地帮助男孩在心中树立安全防范意识，尽量提前避免让孩子受到伤害。

只有认识危险，才能防范危险

早晨，廖峰的妈妈和往常一样，一边准备早餐一边用手机听新闻播报，有一条新闻引起了她的注意：一个 8 岁的男孩因为看到灯泡会发亮，觉得很神奇，于是就从家里翻出一个灯泡，把里头的金属丝拽出来，拿去接电源，结果不幸触电死亡。

听到这条新闻，妈妈的心瞬间提到了嗓子眼儿。儿子廖峰从小就是个好奇宝宝，像新闻播报的这种危险事儿，他没准儿还真会做得出来！看来，这安全教育真是迫在眉睫啊！

认识到这个问题之后，妈妈就对廖峰展开了全方位的安全教育。比如如何正确使用家用电器，每个家用电器都存在什么样的潜在危险；比如出门在外不要单独去人烟稀少的地方，遇到危险要学会拨打报警电话；等等。

以前这些事情妈妈都不会耐心地向廖峰解释，但现在，妈妈意识到，如果不让儿子去认识危险，那么他就不会知道如何防范危险。有时候听妈妈讲多了，廖峰自己都感叹，感觉自己就好像生活在危险无处不在的世界里一样。

周末上午，妈妈正忙着查资料，突然想起厨房里还炖着汤，急匆匆地冲到厨房，却发现燃气灶的火已经灭了，阀门也关得好好的，厨房里的窗户也被打开了，儿子廖峰正在用抹布擦着灶台上的汤汁。

看到妈妈冲进厨房，廖峰还摆出一副小大人的样子，苦口婆心地说道："妈妈，你怎么能这么不小心呢？要是汤溢出来把火浇灭了，造成燃气泄漏了怎么办？……你还不开窗……"

听着廖峰絮絮叨叨地说着自己前不久刚向他普及的燃气使用安全知识，妈妈心里真是既愧疚又骄傲。没想到自己沉浸在工作里，竟险些给家里带来危险，幸亏儿子树立了安全意识，这才没有酿成大祸。

最后，在廖峰苦口婆心的"教导"下，妈妈态度良好地认了错，并保证，以后一定会注意家用电器的安全使用问题。

家是最让人有安全感的地方，但即使是在家里，其实也潜藏着无数的危险。很多人可能都不知道，在生活中，发生在孩子身上的安全事故有 60% 都是发生在家庭周围的。比如有的孩子从家中的阳台坠落，有的孩子在家里触电身亡，有的孩子使用天然气时发生爆炸或中毒等。

之所以会发生这样的情况，归根结底，还是因为孩子缺乏安全意识。孩子，尤其是男孩，对于自己不了解的事物都是充满好奇的。很多时候，他们并不知道自己的尝试和探索会引起怎样的后果，也不知道自己的行为背后潜藏着多少危险。

所以，作为父母，我们应该让孩子认识危险，知道危险都隐藏在什么地方，都会以怎样的方式出现，而不只是呵斥他们哪些事情不能做。因为只有认识了危险，他们才会懂得如何去规避危险。

此外，在让孩子认识危险、了解危险的同时，还应该让孩子明白，在遭遇危险时，应该如何去处理，以及在危险发生之前，如何做才能更好地规避危险，以此来提升孩子的自我保护能力。

在给孩子讲解这些知识的时候，最好能结合生活实际来进行，而不仅仅是干巴巴地给孩子讲解一大堆知识点。像廖峰的妈妈就把对廖峰的安全教育融入生活中，一点一滴地把“危险”意识灌输到廖峰的脑海里，帮助廖峰树立起了强大的自我保护意识，让他下意识就会对生活中潜在的危险做出反应，加以规避，来更好地保护自己。

加强训练，培养男孩的应急能力

这天晚上，爸爸出差不在家，妈妈因为医院的病人有突发状况也赶去加班了，10 岁的谭谭只好一个人在家。

夜里，睡得迷迷糊糊的谭谭突然听到客厅里有窸窸窣窣的声音。谭谭揉着眼睛坐起来，刚想张嘴喊“妈妈”，却发现客厅里似乎没开灯，他顿时感觉情况有些不对，便轻手轻脚地走到房间门口，从门缝里偷偷往外看。

虽然客厅没开灯，但是因为窗帘没拉上，外头路灯的光从窗户透进来，所以勉强能看见东西。

谭谭看到一个陌生的男人正鬼鬼祟祟地在他家客厅里四处摸索、东找西找。那个男人有些驼背，个子比爸爸矮一些，非常瘦，身上穿了一件花格子衬衫。谭谭很害怕，他知道，如果自己被发现，那就糟糕了，他可打不过那家伙。

就在这时，谭谭突然想起以前爸爸和自己玩过的捉迷藏游戏，爸爸扮演坏人，负责抓他，他则要保证自己不被坏人抓到。于是，谭谭又冷静了下来，轻手轻脚地退回到床边，躲到了床下面。为了提高安全系数，谭谭还用毯子把自己裹上一圈，挡了个严严实实。

这一夜，谭谭都不敢出声，哪怕客厅里已经没有了声音，他也没敢爬出来。

第二天一早，妈妈刚回家就发现情况不对劲，冲进谭谭房间一看，床上空空如也，不由得惊慌失措，大声喊起了儿子的名字。听到妈妈的声音后，谭谭从梦中惊醒，这才睡眼惺忪地从床底下爬出来，把昨晚发生的事情一五一十地告诉了妈妈。

母子俩很快报了警，根据谭谭给警察提供的线索，小偷也很快就落网了。

事后，谭谭的爸爸妈妈一阵后怕，如果那天晚上谭谭没有机智地藏起来，而是因为受到惊吓发出声音，引起小偷的注意，他们根本不敢想到底会发生什么样的事情。这件事情也让他们更加深刻地认识到帮助孩子树立安全意识，培养孩子在遇到突发事件时的应急能力是多么重要。

人在遇到危险时，因为受到惊吓，大脑往往可能一片空白，下意识就做出一些非常危险的反应，比如大喊大叫。成年人都可能如此，更别说孩子了，而这样的反应不仅无法帮助我们摆脱危险，反而可能让我们落入更可怕的境地。所以，在日常生活中，我们更应该未雨绸缪地培养孩子的安全意识和应急能力，从根本上改变孩子在遭遇危险时的下意识反应，让孩子学会如何用正确的方式去应对眼前的危机。

在日常生活中，危险可能会不期而至。有这样一条新闻：某地一名小学生不慎落水，旁边很多孩子前去施救，结果八名孩子溺水身亡。说到底，这出悲剧的发生，就是因为孩子缺乏安全意识以及正确处理和应对危机的能力。

现在，很多学校和家庭都会有意识地普及安全知识，培养孩子树立安全意识。有些学校甚至还会组织演习活动，来告诉孩子们在遭遇火灾时该如何逃生，在受伤时该如何处理等。

除了这些，父母也要注意。就孩子的安全状况来说，只靠掌握安全理论知识是远远不够的。此前说过，很多时候，人在遭遇突如其来的危险时，大脑往往一片空白，根本没办法理智地去慢慢思考应该如何应对。所以，在日常生活中，父母应该多组织孩子参加安全演练，或者通过做游戏等方式，来训练孩子的应急能力。

就像谭谭的爸爸，他正是通过捉迷藏的游戏方式来教导孩子，在遭遇类似的危险状况时应该如何处理。也正是因为有过这样的训练，所以在自己突然遭遇这样可怕的危险时，谭谭才能镇定自若地做出很好的反应，把自己藏得严严实实。

把自我保护变成一种习惯

飞飞是个 12 岁的男孩，平时沉默寡言，但学习成绩非常好。他小时候生过一场大病，鼻子做过手术，不仅有明显的疤痕，还有些肿大。就是因为这个原因，班里的一些“坏小孩”就嘲笑他、欺负他，还给他起了个“大鼻子”的外号。

有时候，这些同学会故意在人多的场合，大声叫他“大鼻子”，还给他编了顺口溜。老师知道后，严厉地批评了他们，说如果他们再取笑飞飞就叫他们请家长。这些同学是不敢明目张胆地嘲笑飞飞了，但还在私底下欺负他，把他的作业本撕掉，故意踢他的凳子，或趁他不注意，在他的书本上乱画，还私下让他给自己买零食，警告他：“如果你敢告诉老师，我们轻饶不了你！”

在这些同学的欺负下，飞飞更沉默了，与同学交流得越来越少，情绪和精神也变得不好。妈妈发现了问题，询问飞飞出了什么问题。当她知道孩子遭遇其他同学欺负后，很是生气，说要向学校反映，给飞飞讨个公道。

爸爸却认为这是小题大做，说：“孩子可能没有恶意，我们和他们家长私下沟通一下，让他们说说自己家孩子就可以了。闹到学校，对飞飞影响也不好……”

妈妈立即反驳道：“不对，我不觉得这是小问题！现在这些孩子欺负飞飞，如果我们不重视，那么就有可能发展成校园霸凌。如果我们不能成为飞飞的后盾，那孩子就算被霸凌，也只能忍受，不敢向家长和老师求助，不敢大胆地面对欺负自己的人。如果我们不教飞飞如何保护自己，那么他就不知道远离伤害，很难变得坚强而勇敢。”

爸爸也意识到了问题的严重性，这不是简单的孩子受欺负的问题，如果听之任之，事情很可能就会恶化，发展成为校园霸凌。于是，飞飞的父母来到学校，与那些孩子的家长坐在一起，声明问题的严重性，希望对方能重视问题，加强对自家孩子的教育，并要求学校加强管理，让孩子都能在充满爱与和谐的地方成长。

在家里，飞飞的父母也对飞飞进行了教育，帮助他树立自我保护意识。他们做的第一点就是要让飞飞学会自爱，受了欺负，要及时和老师与家长说，受了霸凌，要勇敢反抗。不说，不反抗，那就是助长了恶，也容易让自己成为受害者。

学校是一个给男孩带来知识和快乐的地方，父母要教会孩子善良，与同学们友好相处。但是，也要让男孩有些刺和锋芒，要是发现有同学对自己有恶意，总是想办法欺负自己、排挤自己，对自己非打即骂，就不要再忍受。让自己变得坚强，大声告诉他：“你不可以欺负我！我不是好欺负的！”这样对方就不会继续肆无忌惮。如果对方依旧欺负自己，不要胆怯、害怕，告诉父母和老师——大人永远都是你坚实的后盾。

当然，教会男孩自我保护只是一方面，更重要的是，父母要给予孩子安全感和自信，给予他保护自己的勇气。

没有什么比安全更重要

童童过生日的时候，外婆送了他一个漂亮的纯金生肖吊坠，妈妈用红线编了一条带子，让童童挂在脖子上，童童也非常喜欢这个小吊坠。

这天下午，童童放学后和伙伴们去公园里放了会儿风筝。在回家路过一条小胡同的时候，童童发现有个人跟着自己，心里不由得有些慌张。童童不由得加快了脚步，但他年纪小、身高低，铆足了劲儿也跑不了多快，不一会儿就被后面的人追上了。

跟着童童的是一个瘦高个儿的男人，男人追上来挡住童童，笑嘻嘻地对童童说："你跑什么呀，小孩，我又不是坏人。"

童童有些害怕，抓紧自己的小书包，大声说道："我没怕，我爸爸在前面等我，再不过去他要着急了！"

男人显然并不相信童童的话，笑了一声说道："哟，小孩还挺警惕。别害怕，哥哥不是坏人，就是瞧你脖子上戴的这小吊坠儿挺好看，你给哥哥看看？"

童童不由得握紧了自己的小吊坠，说道："哦，这个，就是街上十元店里买的，就街口那家，还有好多的……"

听到这话，男人愣了一下，随即冷哼一声道："现在的小孩子，真是鬼得很，嘴里没一句实话啊……"

童童看看男人，又低头看看自己的小身板，知道今天怕是保不住心爱的小吊坠了。现在离胡同口不远，童童还记得，出了胡同就有一家商场。妈妈以前告诉过他，如果遇到危险，要向警察叔叔求助，如果周围没有警察叔叔，就去最近的公园、商场、电影院等地方，向保安叔叔求助。

于是，童童抿抿嘴，一副有点害怕的样子，乖巧地说："那我就摘下来给你看看吧……"

说着，童童把书包放到墙角，顺从地摘下自己的小吊坠，递给了眼前的男人。见男人接了吊坠在查看，童童赶紧撒腿就跑，冲出胡同后头也不回地跑到商场里的保安室，还顺手把门关上反锁了，气喘吁吁地对保安说："叔叔，有坏人在追我，你能帮我打电话给我爸爸，让他来接我吗？我爸爸是 ×× 单位的……"

还好高个子男人并没有追来，保安叔叔帮童童联系上爸爸后立刻报了警。经历过这次惊险的事件后，爸爸妈妈再也不敢给童童戴金吊坠这种贵重的首饰了，并再三叮嘱童童，以后尽量不走这种人少的小胡同。

在这起险象环生的事件中，童童表现得非常优秀。可以看出，爸爸妈妈平时对童童的安全教育还是非常到位的。

首先，在面对歹徒时，童童虽然很害怕，但还是努力保持了镇定，没有做出激怒歹徒的举动。其次，在歹徒觊觎他喜欢的小吊坠时，童童表现得非常顺从。显然他很清楚，在这样的情况之下，没有任何东西是比自己的安全更重要的，而且童童还很聪明地把自己的书包也放下了，保证自己能够用最快的速度逃离；再次，在冲进保安室之后，童童做的第一件事就是关门、锁门，这无疑是对自己生命安全的一重保障，即使歹徒胆大包天地追过来，也能阻挡他一段时间，为自己争取获救机会；最后，在向保安叔叔求救时，童童口齿清晰，迅速把情况描述清楚，并报出了爸爸的基本资料，直接杜绝了歹徒冒充父母身份的可能。

相比成年人，孩子在面对问题时，更容易感性大过理性，尤其是在遇到这种危险的状况时，就更容易遵照本能，进行激烈的反抗或放声大哭。在很多案例中都出现过这样的情况，歹徒原本想求财，结果因为受害者的剧烈反抗，最终导致命案发生。

可见，对孩子，尤其是对胆子相对较大的男孩进行安全教育是多么重要的事情。父母得让男孩知道，什么时候应该展示自己的勇气，什么时候应该学会顺从。无论遇到任何事情，男孩们都应该记住，没有什么能比你的安全更重要，也没有任何东西能比你的生命更值得保护。

面对老师也要勇敢说“不”

有很多男孩子，平时在生活里胆子很大，但一面对老师，就变得很拘谨，老师让做什么事情，即使心里一百个不愿意，也不敢当面拒绝。尊师重道固然是件好事，但很多时候，如果孩子不懂得将自己的想法和感受表达出来，那么老师也是无法知道的。尤其是在涉及与自己的身体健康相关的问题时，更是可能造成无法挽回的伤害。

最近学校要举行运动会，各班都在动员同学们踊跃参加，为班级增光。运动会上有许多项目，每次最不受欢迎的项目都是八百米长跑，这次自然也不例外，其他项目的参赛人员都已经报满了，偏偏就长跑项目，一个报名的人都没有，这可愁坏了体育委员。没法子，为了“动员”到参赛成员，体育委员只能让班主任黄老师出马了。

新华是班上比较活跃的男生，爱玩爱闹，学习成绩中上等。虽然有些调皮，但每次一遇见老师，就立马变得很拘谨，因此黄老师对他印象还不错。于是，这件“苦差事”，黄老师自然就盯上了新华。

其实，最近新华一直感觉身体有些不舒服，尤其是上次体育课的时候，打篮球打到一半就感觉胸口有些难受。可是面对黄老师和其他同学们殷殷期盼的眼神，新华实在是没法说出拒绝的话，只得不情愿地应下了，这一应下之后，再想反悔那是难上加难。

距离运动会开始已经没几天了，不少同学每天放学后都会留在学校，针对自己参加的比赛项目进行一些训练。新华也参加了一次训练，但情况依旧和上次一样，还没跑到一半，就感觉胸口疼得不行，险些晕厥过去。

回到家之后，爸爸妈妈发现新华一副心事重重的样子，多番追问才得知了事情的原委。对于新华的健康状况，爸爸妈妈都非常重视，认真询问了他具体的情况。

之后，爸爸对新华说："儿子，我知道你是不愿意让老师和同学失望，所以才没有拒绝参加这个长跑比赛的项目。但你要知道，并不是每个人的身体素质都能支持他进行这样的运动，你要学会尊重自己身体的感受，这样才能更好地保护自己，不让自己受到伤害。原本学校举行运动会，是为了让大家多多锻炼，促进健康。如果你因为逞强，不顾自己的情况，非要参加超过自己承受能力的比赛，伤害到自己的身体健康，那不是和举办运动会的初衷相违背了吗？而且，如果真的出现不可挽回的后果，你的老师和同学必然也都会非常自责，你自己也会受到伤害。这样是你想要的结果吗？"

在爸爸的一番劝说下，新华终于鼓起勇气，决定主动和老师说明自己的状况，拒绝参加这次的长跑比赛项目。之后，爸爸妈妈又带着新华去医院进行了详细的检查，结果发现，新华的心脏确实有一些问题，但好在问题不算严重。黄老师在得知了事情的前因后果之后，也松了口气。心想幸好最后新华没有勉强自己参加比赛，否则要真的出了什么事，那可真是犯了错误了。

运动会结束之后，黄老师在班会上对同学们说道：“比起毫无原则地答应，老师更希望你们能够拥有拒绝的勇气。而且，对于老师来说，最让人感到欣慰的事情，莫过于看到你们全都能够健康成长。”

在成长的过程中，每个男孩必定都会遇到这样的情况：明明有些事情不愿去做，但碍于面子、别人的眼光、不愿被人看扁等各种各样的原因，总会勉强自己去做这些事。

当然，人生不可能事事如意，有些事情即使不想做，也是要必须去做的。但如果是那些会对我们造成伤害的事情，我们一定要勇敢说“不”。学会拒绝，也是每个男子汉都应该具备的勇气，哪怕你所拒绝的人是你的老师或长辈。

重视身体变化，小心“性早熟”

最近，妈妈发现鑫鑫有些奇怪，整天都心事重重、无精打采的样子，但不管怎么追问，他都始终一言不发。更让妈妈感到意外的是，鑫鑫再也不肯让爸爸妈妈帮他换衣服，每次洗澡也都要把洗澡间的门关得严严实实，仿佛在隐藏什么秘密。

鑫鑫反常的表现让爸爸妈妈十分担心，就在他们百思不得其解的时候，妈妈发现了儿子身上一些十分“反常”的变化。

一开始，妈妈只是感觉鑫鑫说话的时候声音有些哑，还以为他可能是感冒了，所以嗓子不舒服。但一段时间后，妈妈发现，鑫鑫的嗓子并没有什么变化，反而好像还长了喉结。这回妈妈真的慌了，儿子今年才 8 岁，8 岁的孩子会长喉结吗？

爸爸看过一些关于男孩身体发育的书籍，对此也有一定了解，结合之前鑫鑫的一些表现，爸爸意识到，这件事情并不简单。

这天，爸爸特意提早下班，回到家以后和鑫鑫长谈了一番。在爸爸的开导和追问下，鑫鑫才把自己身体变化的事情告诉爸爸。原来这段时间，鑫鑫发现自己的身体出现了明显的变化，他不仅长了喉结，声音变得沙哑，甚至还长了腋毛，生殖器官也有所发育。这一切的变化都让鑫鑫感到十分害怕，生怕别人发现自己的异常，所以鑫鑫不敢在任何人面前袒露身体，就连在学校上厕所都刻意避开同学。

鑫鑫的状况让爸爸非常担忧，爸爸告诉鑫鑫："很多时候，你的身体出现什么问题，都是会通过一些表现反映出来的。如果你不重视这些身体上的变化，那么等到问题发展到很严重的时候，就来不及了。以后无论身体出现什么不对劲的地方，都要马上告诉爸爸妈妈，不能因为觉得害羞或者害怕就讳疾忌医。"

与鑫鑫谈完，爸爸就把事情告诉了妈妈，并给孩子预约了医院的检查。经过医生一系列诊断后，医生告诉鑫鑫的爸爸妈妈，鑫鑫这是患了"男孩性早熟"。

正常来说，按照我国目前的标准，女孩在 8 岁以前，男孩在 9 岁以前，出现第二性征，都可以定义为"性早熟"。就像鑫鑫，他今年才 8 岁，但身体的第二性征却已经开始提前出现，比如生长出体毛、喉结等，生殖器也有所发育，这些都是性早熟的体现。

很多男孩在出现这些身体变化的时候，可能会因为觉得自己异于常人而难以向父母启齿，而父母如果缺乏这方面的了解，很可能就不会发现孩子的种种异常表现，导致孩子错过最佳的治疗时机。

性早熟带来的危害是会伴随男孩一生的。当男孩出现性早熟的情况时，在性激素的刺激下，身高会突然快速增长，与此同时，骨骼也会产生过早闭合的情况，从而导致男孩身体的正常生长发育提前终止。这样一来，在成年之后，男孩的身高往往就会比寻常人矮，而且过早的发育也会让男孩不由自主地产生自卑心理和逃避情绪，这些对男孩的成长都是极为不利的。

要预防男孩性早熟，关键在于饮食的均衡。很多出现性早熟情况的孩子，都是因为在饮食方面不科学、不健康而导致的。

有几个问题是家长们需要注意的：

第一，健康的饮食贵在营养均衡，而不是吃得越多或者吃得越贵就越好。比如像鸡鸭鱼肉这类动物性的食物，摄入过多反而可能会给男孩正在成长的身体造成巨大负担。

第二，昂贵的补品和保健品对男孩的生长发育不一定就是有益的。事实上，一般情况下，通过正常的饮食摄入已经足以保证男孩的身体获取到足够的营养来满足自身的生长发育，如果一定要让孩子“补一补”，那么最好在咨询医生或营养师之后再慎重使用。

第三，尽量避免让男孩摄入一些颜色和外形比较奇特的水果和蔬菜，尤其是那些反季节的水果和蔬菜。

第四，控制男孩对油炸类食品的食用，过高的热量会在男孩身体中转化为多余的脂肪，导致内分泌紊乱。

总而言之，父母应该多学习和了解一些科学的育儿知识，重视男孩在成长过程中的每一点变化，及时发现问题，处理问题，保证男孩的身体健康。

当心走入儿童安全教育的误区

现在，孩子的假期生活可谓是五花八门、丰富多彩，各种类型的兴趣班、训练营层出不穷，不仅能让孩子在假期中学习到新的东西，还能让他们有个去处，减轻家长的负担。因此，很多家长在假期时，都愿意给孩子报个班。

石头今年 11 岁，眼看暑假即将到来，妈妈给他报了个“童子军”的训练营活动。因为妈妈觉得，儿子哪里都好，乖巧又听话，就是胆子小了点儿，不像同龄的男孩子们那样，虽然少了几分闹腾劲儿，但过于安静似乎也不是什么好事。于是，抱着想要给儿子增添点“男子汉气概”的想法，妈妈给石头报了这个训练营。

石头非常出色地完成了训练营中已进行的训练项目。

训练营的最后一个项目是野外露营，这也是孩子们最期待的环节。为了保证安全，在进行野外露营活动之前，训练营就已经提前联系好了救援人员。但不幸的是，在进行野外露营时，还是发生了一些意外，石头走失了。

一开始，对于石头的走失，带队的教官虽然重视，但并没有那么着急。一方面，他们选择的露营地并不是什么深山老林，而是一个非常成熟的露营区，并没有什么危险；另一方面，这里的救援队经验丰富，寻找一个走失的孩子也不是多困难的事情。然而，一天过去，石头半点儿踪影都没有，这回教官是真的慌了，立即联系了石头的父母。

最后，在救援队地毯式的搜索下，一直到第二天下午，他们才找到奄奄一息的石头。令人惊讶的是，他们找到石头的地方，救援队其实已经经过了数次，而石头每次看到救援队的人，不仅没有求救，反而还会躲开，以至于错过了数次获救的机会。

对于儿子的举动，妈妈也感觉很奇怪，便问石头："你这孩子，看到救援队的叔叔阿姨，为什么不出声？"

结果没想到，石头却说道："妈妈你不是告诉我，不要和陌生人说话吗？……我不认识他们，我怕他们是坏人……"

"不要和陌生人说话！"很多家长想必都曾对孩子有过这样的叮嘱，但实际上，这样简单的一句话，是非常容易误导孩子的。因为这句话给孩子传递的信号就是：陌生人都是坏人，他们都很危险。而在孩子的认知中，"陌生人"就是一切他们不熟悉的人，他们不会自己去分析，这个陌生人是什么职业，在什么样的情况下是危险的，在什么样的情况下又是安全的。

石头就是这样，因为从小妈妈就一直在给他灌输"不要和陌生人说话"这样的概念，所以在石头的观念中，陌生人就等于坏人。于是，在自己迷路遇险的时候，哪怕见到了救援人员，也因为他们是"陌生人"而感到害怕，一次次错过了获救的机会。

家长在对孩子进行安全教育的时候，类似这样的误区还真不少，而这样的教育误区实际上非常容易误导孩子，让孩子陷入危险的境地。比如有些家长会叮嘱孩子，在需要帮助时，可以率先选择老人和妇女。在大多数人的认知中，老人和妇女是“弱势群体”，他们比强壮的男人更安全。但实际上，在诸多拐卖儿童的刑事案件中，实施犯罪的一线人员往往就是妇女。更何况，如果真的遇到什么危险，“弱势”的老人和妇女未必就真能帮助孩子逃离险境。

安全教育任重而道远，家长在对孩子进行安全教育时，应该从多方面考虑，尽可能帮助孩子把危险存在的情况，以及应对方案分析清楚，教会孩子辨别危险、应对危险，而不只是靠几句没有前因后果的叮嘱。

第二章

男孩，穿好铠甲，才能拿稳利剑

男孩要强大且有担当，但前提是形成安全意识。懂得保护别人之前，必须先保护自己。如果男孩自己没有穿好铠甲，不能很好地自保，就谈不上帮助别人和救助别人了。

保护别人之前，先保护好自己

13 岁男孩小梁的手臂骨折了，头部也摔破了，流了很多血。班主任将小梁送到附近医院并立即通知了小梁的父母。小梁的父母及时赶到了医院。

安顿好孩子后，班主任向小梁的父母讲述了事情经过：课间活动的时候，同学们都急着上厕所，一个同学刚走到楼梯口，就被后面几个奔跑打闹的孩子撞了一下而失去了平衡直接摔下了楼梯。此时，小梁已经下了几阶楼梯，但想也没想就拉住了那个同学。不过，因为那个同学比较壮，再加上惯性，两人一起从楼梯滚了下去。因为小梁在下面，又抱住了那个同学，受伤比较严重，不但手臂被压骨折了，头部也撞到了台阶上。

妈妈问小梁："你贸然出手救同学，就没有想过危险吗？"

小梁回答说："我没想那么多，看到同学摔下楼梯，怕他摔伤，就下意识地拉住了他。"

妈妈很心疼孩子，但也不好再责怪孩子，同时也没理由怪那个同学和班主任，毕竟谁也不想发生意外。爸爸也安慰妈妈说："不用担心了，孩子只是受了点伤，没什么大问题。而且，我们应该高兴，这孩子很勇敢和善良，懂得保护别人。”

妈妈却不认同这个观点，她皱着眉头说：“我不觉得孩子做得对，因为保护别人而让自己受伤，这是错误的行为。我们必须好好给他上一堂安全教育课，告诉他如何对自己负责。之前有一条新闻，说某大学一女生看到同学被捅伤，立即上前去阻止凶手行凶，用身体挡在前面为同学争取逃跑的时间，结果自己身中八刀，肝脏被捅穿，胆囊被刺伤，在 ICU（重症加强护理病房）抢救了 3 天才转危为安。女孩很勇敢，她那种以命相救的精神也令人敬佩，然而这并不应该被提倡，也不应该被孩子们学习和效仿。我们应该告诉孩子：保护他人之前，你必须保护好自己，这才是对自己、对家人和对他人负责。”

听了这话，爸爸似乎也转变了看法，决定等小梁情绪稳定之后好好地谈一谈这个问题，让他记住保护好自己才是行事的前提。他们开始对小梁进行安全教育，让他明白相对于见义勇为，更应该学习“见义巧为”和“见义智为”。

很多男孩有担当、有勇气，甚至有着英雄情节，崇拜超级英雄，也崇拜警察和消防员。于是，他们更乐于助人，乐于见义勇为，还可能在危急时刻为了保护别人而不顾及个人安危。或许他们低估了危险，或许他们认知能力比较弱，对于什么是“义”，什么是“勇”并没有具体的概念，或许做这些事情更多是出于一种本能。但是不管怎样，男孩都必须知道这并不可取，更不能有这样的想法：就算我没有能力，也一定要保护同学，也一定要拼死救遇到危险的同学。

父母需要给予男孩正确的教育，一定要告诉他们行动前要首先考虑自己的安全。同伴遇到了危险，应该在确保自己有能力帮忙后再去帮忙，而不是铤而走险，让自己也处于危险之中。同伴或身边人受到攻击，不应该急于上前与坏人搏斗，而应该选择报警或是寻求他人帮助，否则不仅救不了人，还可能让自己受到伤害。男孩应该在确保个人安全的前提下进行“见义巧为”和“见义智为”，而不是头脑一热就盲目地以命相救。同时还可以给男孩讲一些未成年人保护他人而不幸受伤、身亡的事例，明确告诉他这些孩子很勇敢，但是不应该被鼓励和效仿。

真正的英雄，是有勇有谋

11 岁男孩李杰和妈妈坐上了开往科技馆的地铁。几站之后，人越来越多，车厢里也变得非常拥挤。李杰和妈妈谈论起上一次参观科技馆时看到的一些有趣的东西。正说到兴头上，李杰突然停了下来，低声说："妈妈，那个人是小偷！"

妈妈顺着李杰指的方向看过去，一个个子不高的男子正在偷偷拉开前面一位女士的皮包拉链，显然是想要偷东西。妈妈还没反应过来，只见李杰站了起来，一边往那边挤过去一边大声喊道："抓小偷！那个人是小偷！"

周围的人立即下意识查看自己的皮包和口袋，然后四处张望寻找小偷。李杰来到小偷身边，抓住他的手说："你为什么要偷东西？"

小偷慌张地说："你胡说什么？谁是小偷？"

李杰理直气壮道："我看见了，你刚才偷偷拉开这个阿姨的皮包！阿姨，你看看自己有没有丢东西？"

女士立即低头查看，发现皮包拉链已经被拉开，但并没有丢什么东西。

小偷还狡辩："怎么证明我是小偷，怎么证明是我拉开了她的包……你一个小孩子，不要冤枉人！"小偷还流露出了威胁的眼神。

李杰着急地说："我明明看到了！我妈妈也看到了！"

妈妈早已经来到李杰身边，把孩子护在自己身后，说道："是的，我也看到你偷拉开人家的皮包。"

周围人都议论起来，有几个人把小偷控制起来，还主动报了警。再后来，小偷被抓走，妈妈和李杰也做了证。李杰对自己见义勇为的行为很兴奋，但是妈妈却没那么高兴。她虽然欣慰于孩子的善良和见义勇为，但是也忧心他的鲁莽行事。

妈妈温柔地对李杰说道："孩子，你刚才很勇敢，能大胆地'制止小偷'。但是，我觉得你可以做得更好。看到小偷正在偷东西，不应该急于喊'抓小偷'，尤其是你一个人单独出行时，更不应该鲁莽行事，而是应该谨慎小心，三思而后行。观察小偷的身边，有没有他的同伙；观察小偷的着装，有没有带武器……在确认小偷没有同伙和带武器之后，再及时地呼喊身边的大人来帮忙，这样就可以既解了他人之围，又不会让自己陷于危险之中。"

之后，妈妈着重教李杰如何正确地帮助别人，诸如量力而行、有勇有谋的见义勇为等等。

关于见义勇为这堂课，对于正在成长的男孩来说还为时过早，因为它过于危险。未成年人属于弱势群体，遇到危险或坏人尚不能保护自己，因此父母需要教会男孩勇敢和善良，乐于帮助需要帮助的人，但是前提是保护好自己，做一个有勇有谋的"英雄"。

告诉男孩正义善良和鲁莽冲动是两个不同的概念。在助人的时候要理智、清醒、准确、有力地提供帮助，而不是简单地挺身而出，或铤而走险，甚至牺牲自己。比如，看到别人处于危险之中，先迅速地评估风险，量力而为，而不是在没有把握的情况下逞强；看到小偷在行窃，看到歹徒在行凶，首先要沉着、冷静，暗中提醒他人，或是想办法报警；看到小孩或大人落水了，不要急于下水救助，而是应该先呼喊他人或拨打 110 或 119 等向专业人士求助，然后寻找身边的树枝、竹竿等长物件，对落水的人进行能力范围之内的救助。这才是最有效地帮助他人。

必须让男孩记住：不管任何时候，安全都是第一位的。首先要为自己的生命负责，然后才是在能力范围内帮助别人、见义勇为。

讲义气，更要明辨是非对错

小军和小强从儿时起就是很要好的伙伴，从小学就一起上学放学，一起打球玩游戏。但是，到了中学后，小强因为父母离异变得越来越叛逆，甚至有些出格的行为。他经常以补课为由跟爸爸要钱，然后到电玩城打游戏，或是与一些辍学少年到处闲逛。

小军多次劝阻，希望他能安心学习，但小强却告诉他："你要是我兄弟，就不要告诉任何人。"为了守住友谊，小军不敢把小强的不良行为告诉父母，更不敢告诉小强的爸爸。有时，小强借口找小军打球，然后与那些少年一起玩游戏、打架，小军也为他打掩护；有时，小强把爸爸给的钱挥霍光了，找小军借钱，小军也会毫不犹豫地拿出钱来。

然而有一件事却让小军感到有些不安。一天放学路上，小强对小军说："明天下午第三节课后，你和我一起走，我有事找你帮忙。"小军疑惑地问："什么事情？"小强随口说道："不用问了，到了你就知道了。"但是架不住小军的追问，小强只好说了实话。原来他与一帮少年经常在一个广场打球，后来另一帮人也来打球，结果双方发生了不愉快。小强他们这帮少年中的"带头人"气不过，想要找机会教训教训对方，便让大家多找些人“撑场子”。

小强说：“你不用做什么，站在后面就行。”

小军认为打架不能解决问题，更不赞同因为一些小冲突就“教训”人家。但是碍于朋友义气，他还是答应了小强。结果，事情恶化了，虽然小强这些人“教训”了对方，但是却不小心将其中一人打成重伤，致使其手部骨折，脾脏破裂。

面对警察的询问，小军不知道如何回答，他不想出卖小强，也不想罔顾事实。就在小军困惑时，爸爸严肃地对他说：“孩子，我知道你和小强是好朋友，也想做一个讲义气的人。但是，讲义气不代表互相包庇和偏袒，你替他隐瞒，只会害了他，让他在错误的道路上越走越远。”小军思考了许久，终于说出了事实。

对于男孩来说，友情是珍贵的，他们为了维护友情，有时会选择讲义气。为了讲义气，很多男孩会让自己委曲求全，做一些自认为不对的事情，甚至单纯地认为所谓义气就是为朋友两肋插刀，在所不辞。但是真正的讲义气是坦诚相待，真心付出，在对方遇到危险或困难时雪中送炭，而不是在对方犯错时给予包庇和袒护，纵容他继续犯错。

父母要教会男孩讲义气，但是也要帮男孩建立是非观，让他明辨是非对错，做该做的事情，帮该帮的忙，否则就容易意气用事。

父母应该让男孩知道：你可以讲义气，但是更要明辨是非对错、讲道理。朋友逃课，男孩去打掩护；朋友偷东西，男孩去望风；朋友欺负他人，男孩去帮忙；朋友考试作弊，男孩去“顶包”……这些看似讲义气的行为，实际上是助纣为虐，害了朋友，也害了自己。

男孩讲义气，要有一个保护自我的是非观，一旦认为讲义气高于个人安危，高于是非对错，那么就很有可能将自己陷入危险之中。也就是说，讲义气应该建立在明辨是非对错和保证自身安全之上，这样才是真正对朋友、对自己有益的。

扶老人，先分清情况

有一天，南北和其他几个男孩放学回家，一路上高高兴兴地讨论着体育课上赛跑的事情。在公交车站牌附近，南北看到一位老人坐在马路旁，表情很痛苦，还不时地呻吟着。

南北和伙伴们说：“那里有个老人，可能是摔倒了。我们去帮忙吧！”

伙伴们迟疑了，其中一人拉住南北，说：“还是不要管了。我妈妈说了，不要随便扶摔倒的老人，不然会给自己惹麻烦的。”其他人也附和着说：“是啊，我们是小孩子，还是让大人来管吧！”

南北也想作罢，但此时，老人看到了他们，高声喊道：“小孩，我不小心摔倒了，你们过来扶我一下吧！”

思考了一会儿，南北还是没办法不管可怜的老人。他连忙走上前，小心翼翼地把老人搀扶起来，然后让她坐在路边的台阶上。南北刚要和伙伴们会合，没想到老人竟然拉住了他的手，说：“你不要走！你把我撞倒了，难道就要跑了吗？”

南北愣住了，大声喊道：“奶奶，我没有撞你！我是看你摔倒了，这才好心扶你起来！你不能冤枉……”

话还没说完，老人又提高了嗓门儿说："就是你撞的！你不能走！赶紧给你父母打电话，把我送医院！"

南北这下慌了，立即招呼伙伴们过来。虽然伙伴们都证明不是南北撞了老人，但是老人就是不放他走，还向围上来的人指责他。周围人不明就里，有人相信南北，有人相信老人，有人则还在猜疑中。无奈，南北只好打电话给妈妈，后来费了好半天劲才证明了自己的清白。

事情虽然顺利解决，南北的情绪却非常低落，他伤心地问妈妈："为什么我乐于助人，她却反过来冤枉我呢？我之后应该怎么办？难道我要保持冷漠，看到有老人摔倒或是被车撞到，也假装看不见吗？"

从小男孩就被教育要乐于助人，学习雷锋做好事，但是近些年却频频出现类似事件：小学生搀扶犯病或摔倒的老人，反而被误认为是撞倒老人的"凶手"；甚至有些老人故意碰瓷，讹诈热心帮助自己的中小学生。于是，孩子们越来越困惑：我到底应该不应该扶老人？

这种事会对孩子造成伤害，也会影响孩子的思想和行为。因此，父母要给男孩解惑，同时也要给予其正确的引导和教育。要让男孩相信真善美，让他对社会充满信任，而不是教他冷漠、袖手旁观，否则会对其心理健康产生不良影响。但是，父母要让男孩正视社会的正反面，让他明白社会上并非都是好人，也有居心不良的坏人，比如碰瓷的人、自私自利的人。

聪明的男孩需要知道，做任何帮助别人的事情，都要在保护自身安全和力所能及的情况下进行。因此，男孩需要学会分辨好与坏，遇到摔倒的老人或是被车撞伤的老人等，不要急于去搀扶，而是应该根据具体情况来处理。首先要观察，看老人是否清醒，能否清楚说明自己的情况，然后再询问老人是否需求帮助，是否需要拨打120急救电话。如果周围有大人在，最好喊大人帮忙，因为未成年人力量小，若单独扶起老人，可能会造成老人第二次摔倒，或是导致自己受伤。如果周围有伙伴，可以让伙伴来帮忙，一是人多力量大，二是可以彼此为对方作证。

更为重要的是，扶老人之前，要做好取证事宜。自己有手机，可以事先进行录像，请老人讲述自己是如何摔倒的，是否需要人搀扶等。如果没有手机，可以观察周边环境，看是否安装有摄像头，确保有证据可以证明自己是在帮助他人。

也就是说，在男孩成长的过程中，他需要用善良来对待这个世界，需要主动帮助需要帮助的人，但是他还必须学会一种能力——独立分辨的能力。

遇到危险可以自己先跑

朋朋是个初中生，因为学校离家不远，他没有住校，选择了走读。同班的林林也是这样，于是两人每天上完晚自习后就结伴回家。回家的路并不偏僻，平时也人来人往的，两人感觉很安全，所以走起来也并不害怕。

然而，一个寒冷的晚上却出现了意外。当天朋朋由于与同学讨论一道难题而耽误了十几分钟，两人便比平常晚些时间回家。恰巧那天路上一个行人也没有，到了一个转弯处，突然从黑暗处冲出来一个人。那人包裹得很严实，戴着帽子、围巾和口罩，手里还拿着一把刀，拦住朋朋和林林的去路，压低声音说："不要声张！把你们的钱都拿出来！"

朋朋和林林吓傻了，一动也不敢动。那人又开口说："快点！拿出手机和钱包！"

朋朋的父母平时总是教育他，要是遇到抢劫的，一定要尽快交出财物，保证自己的生命安全。于是，朋朋立即对林林说："听他的话，把东西都给他！"两人慌张地翻口袋，把钱和手机都丢在地上。那人捡起东西就想走，但是刚迈出一步就又回过头来，说要翻看两人的书包，随即就动手抢林林的书包。林林并没有反抗，但可能是那人太紧张了，不小心用刀划伤了林林的手臂。

林林疼得大喊一声，这下那人更紧张了，用刀把两人逼到墙角，然后威胁道："不要喊！不要喊！"

当那人靠近林林时，朋朋趁他不注意，撒腿就跑。他拼命地跑，一边跑一边大喊"救命啊！抢劫了！"那人想要追朋朋，但是眼看追不上也就作罢了。

很快，朋朋跑到最近的饭店，向里面吃饭的客人求救。众人听说有人抢劫，立即跟着朋朋来到现场，发现那人仓皇逃跑了，而林林的腹部挨了一刀，流了很多血。众人立即拨打120电话，将林林送到附近医院……

幸好，林林的伤并不严重，但是朋朋却感觉没有脸见他，他认为自己抛弃了朋友，太不义气了。要不是自己一个人跑了，那人说不定也不会恼羞成怒地又刺林林一刀。朋朋把自己关在房间里，饭也不想吃，父母也不想见。

爸爸知道朋朋的想法，找他好好地谈了谈："孩子，我认为你做得没错。遇到危险，先逃跑，保护自己，是你们这些未成年人正确的做法。如果你不逃跑，也会让自己陷于危险之中。而且，你并没有抛弃林林，不是吗？你跑掉，是为了向其他大人求救，不是吗？既然这样，你没有对不起他，而他也不会怪罪你！"

听了爸爸的话，朋朋陷入了沉思。第二天，朋朋想通了，到医院看望了林林，而正如爸爸所说，林林非但没有怪罪他，还夸赞他的机敏。之后，两人关系更亲密了，成了"铁哥们儿"。

当危险来临时，男孩可能会被吓得不知所措，忘记如何逃跑，忘记如何求救，还可能因为一些不当行为而让自己面临更大的危险。所以，父母需要增强男孩的自我保护意识，提升其面对危险的应变能力。

告诉男孩当他被坏人关在一个地方时，或是在某个地方躲避坏人时，一定要迅速把手机或电话手表调到静音状态，在确定没有危险的情况下，用微信或短信等不会发出声音的方式向警察报警，或是向父母求救。当处于危险环境中时，尽量不要发出声音，保持警惕，注意周围环境。当与亲人或朋友遭遇坏人时，有机会逃跑，一定要自己先跑，不必和亲人、朋友一起跑。跑到安全的地方，寻求他人帮助或是报警，再回来救朋友或父母，这样才可能既保护了自己，又救了他人。

当然，一定要告诉男孩：找准机会再逃跑，千万不能盲目冲动，否则只会让自己、亲人或朋友陷入更大的危险。

不听坏人的话，不帮坏人保守秘密

肖强的父母发现肖强近几天忧心忡忡的，而且总是欲言又止，好像有什么话要说，却不知道如何开口。周末晚上，爸爸把肖强叫到身边，开导他说出心里话，并且说如果他遇到什么难题，父母一定会帮他解决。

肖强沉思了一会儿，问道："爸爸，如果有人让你保守秘密，你会遵守承诺吗？"

爸爸知道孩子的困扰肯定与这事有关，便认真地说："这要看什么事情。如果朋友和我分享个人隐私，我一定会保守秘密，不向任何人透露。但是如果朋友或是其他人做了坏事，我一定不会帮他隐瞒。就算他央求、威胁我，我也一定会告诉信任的人，或是选择报警。"

爸爸的话给了肖强勇气，接下来他说出了自己的秘密。上周三清晨，肖强如往常一样骑自行车上学。当时天还比较早，路上没几个行人。骑到一个丁字路口，一个骑电动车的人逆行而来，而且速度非常快，一不小心刮伤了路边停着的汽车。

骑电动车的人立即下车查看，发现汽车左侧前车门有一道深深的划痕，然而他并没留下任何联系方式，也没有报警，看到附近没有摄像头，就直接离开了。肖强看到了整个过程，骑车人也看到了肖强。路过肖强身边时，那人阴着脸威胁道："你就当什么也没看到，听到了吗？如果你敢告诉任何人，我肯定饶不了你！"说完，他伸手拉了拉肖强的校服，说："嗯，××中学，我记住了！如果警察找到我，我就会找到你算账！"

肖强被吓到了，立即骑车离开，之后没和任何人说这件事。可是，他内心很煎熬，在他的认知里，做坏事，就应该受到惩罚，那人刮坏了别人的汽车，就应该赔偿。但是，如果他不为那人保守秘密，自己可能就会受到伤害。所以，这几天他忧心忡忡，想把这件事告诉父母，却不敢说出口。

知道事情原委后，爸爸拍了拍肖强肩膀，说："孩子，你做得不错！遇到有人做坏事，一定不能帮他隐瞒，否则就是纵容坏人做坏事。"之后，爸爸告诉肖强，以后如果遇到坏人做坏事，首先要保护自己，不惊慌失措，不与坏人硬碰硬。

要让男孩知道很多时候坏人只是虚张声势，只要能勇敢地说出秘密，坏人是不敢来伤害他的。说出坏人坏事，让其受到惩罚，是帮助和保护别人，更是保护自己。当然，如果身处困境，被坏人控制住了，就需要有智慧地行事。可以先假装答应对方的要求，在确定自己安全之后再求助父母和警察。

一定要让男孩知道，除了信任的父母之外，警察应该是最值得信赖的人，是最可靠的求助对象。只有大胆地向警察说出"秘密"，才可能远离坏人的威胁和危险。

对别人好，前提是不委屈自己

昊轩 10 岁了，是个对同伴善良友好的男孩，也比较受同伴的欢迎。每天放学后，父母都允许昊轩在小区公园玩半个小时，然后再回家完成功课。那天，爸爸妈妈回家比较早，恰巧碰到昊轩与几个同伴正在公园里踢球，就想顺路带着他回家。

因为昊轩正玩到兴头上，爸爸妈妈便在一旁等候，顺便观察他与同伴相处时的表现。过了一会儿，孩子们踢完球了，坐下来休息。昊轩从书包里拿出一罐奶酪条，分享给身边的同伴。

妈妈说："你看，昊轩懂得与别人分享，是个善良的好孩子，我们平时的教育起到了作用。"

但是接下来的一幕，却让妈妈皱起眉头来。昊轩连续拿出奶酪条分给同伴，一个又一个，很快罐子里就空了。有两个同伴没有分到，还有些不满地质问昊轩："为什么没有我们的？"

昊轩说："对不起，这次分完了，下次再分给你们好不好？"

那两个同伴说："可是他们都有，就我们没有！"

昊轩说："对不起！我也没有留给自己……"说话时，他好像犯了错一样，一脸愧疚。

那两个同伴仍表示不满，大声地指责他：“以后要分东西，就多带一些嘛！带这么点东西，都不够分！”

昊轩一个劲地道歉，还赔着笑脸。

妈妈看在眼里，疼在心中，无奈地说：“这傻孩子，零食一点都没给自己留，居然还被指责！真是太傻了！”

爸爸笑着说：“孩子懂得分享，是好事！”

妈妈反对道：“可是不懂得留给自己，就不是好事。我们要教育昊轩做一个有礼貌、懂分享的孩子，但是对别人好，也不能委屈自己。他把零食分享给同伴，对方没有感谢就罢了，分不到的人竟然还指责、埋怨他，而他竟然还认为是自己做错了。这真的很糟糕，如果不及时引导和教育，恐怕会让他的个性变得很软弱，成为善良但只会委屈自己、习惯讨好的人。”

之后，昊轩的父母不仅注重分享教育，同时也加强了自我保护教育，教会昊轩要对别人好，但是更要善待自己，让昊轩明白只有认识到自己的重要性，不委屈自己，不勉强自己，才有能力和机会去分享，去帮助他人。

男孩都是善良的。他们乐于助人，看到别人有困难就会伸出援手；懂得分享，有好的东西，愿意分享给同伴。作为父母，需要给予男孩更多的鼓励，对于男孩的乐于助人、懂得分享要不吝啬地夸赞和表扬。但是，在这个过程中，更要让男孩记住一点：你可以善良，但必须有锋芒、有智慧、有原则。

在无私与自私之间，大多数父母都会选择教男孩无私，但事实上这是一种过于绝对的理念。如果让男孩只学会无私，却没有学会善待自己，只会害了孩子。因此，必须让男孩明白：与任何人相比，你自己都是最重要的，要保护好自己，不让自己受委屈。

告诉男孩：对别人好，那是好的行为，可是不应该毫无保留地分享与付出，满足了他人的需求，却委屈了自己。如果你的能力有限，就需要根据自己的实际情况，量力而行，而不能因为好心帮助他人，让自己受伤。如果你拥有的好东西太少，自己又不舍得分享，那完全可以不拿出来分享。就算有少部分人没分到，也不必心怀愧疚，因为这不是你的错，你也并不欠他们的。当同伴对你的分享不怀感谢之心时，你完全可以不分享。

对别人好，但是不委屈自己，坚决不让自己受伤，这也是男孩应该学习的一课。

要学会拒绝无理要求

李伟的学习成绩不太优秀，但为人斯文，很懂事，和周围人的关系很好。但是妈妈知道，这孩子不懂得拒绝，是个“很好说话”的人。同学有事让他帮个忙，比如擦黑板、值日、买东西等，他永远都不会拒绝。他明明在完成紧急任务，但是同桌让他帮忙下楼抬教具，他也会毫不犹豫地答应；他明明只有一把伞，但是有人说自己没带伞，怕淋湿了衣服，他也会借给人家，然后自己淋着雨回家。

有时，就算他人提出无理要求，李伟内心不愿意答应，但是也不懂得拒绝。一次英语老师临时举行摸底测试，并且表示：“谁也不许抄书，不许抄同学的卷子！不管是抄别人的，还是让别人抄，一律按作弊处理，请家长，在班会上做检讨！”

虽然老师三令五申，但是李伟的同桌仍和他打招呼：“你快点答题，答完了，让我抄一抄！”李伟为难地说：“这次老师好像是认真的，你还是自己作答吧！”

同桌毫不在意地说：“没关系，只要你机灵点，老师就不会发现！而且，我爸妈说了，要是我这次不及格，就会停了我的零花钱！好哥们儿，我求求你了！”李伟只好答应下来，结果，他们真的被发现了。在办公室内，英语老师当着家长的面严厉批评了李伟和他的同桌，并且责令他们每人写500字的检查，然后在班会上做检讨。

回到家后，妈妈问：“老师已经严令禁止作弊，你为什么要帮助他作弊？”李伟低着头，无奈地说：“我想拒绝，可是他一直求我，我就不好意思拒绝了！”

还有一次，爸爸给李伟买了滑板，这是他心心念念的礼物，拿到手之后立即前往小区广场练习。还没练一会儿，一个六七岁的男孩就吵着和他的妈妈说：“我要玩滑板！我要玩滑板！”这个小男孩的妈妈直接对李伟说：“同学，把你的滑板让给弟弟玩会儿吧！”

李伟很不情愿，但是也默默地照做了。结果，那个男孩玩上瘾了，一玩就是一个小时，那个小男孩的妈妈也没有劝阻的意思，李伟就这样孤零零在广场上等待着，眼巴巴看着别人玩自己的新滑板。一直到李伟的爸爸赶过来，才从男孩手里要回了滑板。

这两件事之后，父母开始教李伟学习拒绝，但是效果并不明显，因为他已经习惯了委曲求全，明知道对方的要求不合理甚至很无理，却说不出拒绝的话。

男孩最终要走向社会，在群体中生活，与人进行相处。与人相处时，男孩懂得尊重别人，尽量帮助他人，往往会更受人欢迎。然而，任何事情都有一个度，男孩可以待人善良友好，但是如果从来不懂拒绝，即便别人的要求再过分、无理，即便会让自己受到伤害也接受，那只会让自己陷入更大的麻烦中，甚至受到更大伤害。

男孩，要学会大胆地拒绝，并且明确知晓拒绝别人的不合理要求是再正常不过的事情。别人提出的要求不合理，就应该大声说“对不起，我帮不到你”。

当然，要做到这一点，需要有意识地引导男孩敢于大声说话，大胆表达自己内心的想法。让男孩学会独立、勇敢、自信，敢于表现自己，从而有拒绝的勇气；让男孩学会好好说话，提高自己的情商和说话技巧，从而学会有智慧地拒绝，不会因为不懂得拒绝而委屈或伤害自己。

第三章

面对陌生人，多一分谨慎，少一些危险

陌生人不一定是坏人，父母没必要增强男孩的陌生人焦虑，这不利于他之后融入社会、与人进行正常交往。但是，一定要提高男孩的防范意识，尤其是年龄小的男孩，告诉他们不随便跟陌生人走、不随便吃陌生人给的东西、警惕过于“热心”的人……

帮助别人，更要防范危险

父母时常嘱咐男孩“不要和陌生人说话”，但是面对陌生人，孩子却总是少了一分提防。面对装出一副和蔼可亲面孔的坏人，孩子总是少了一分谨慎，遇到这些人向自己求助，就会忘了父母的叮嘱，随便就答应下来。

三年级的小豪正和伙伴小睿在小区公园里踢足球，这时突然走过来一个慌慌张张的中年妇女，说自己家的小猫丢了，想让他们帮忙找找。小豪和小睿一听，就热心地帮忙寻找，毕竟老师和父母时常教育自己要助人为乐。

可是，两人和中年妇女在小区公园找了十多分钟，也没有发现小猫的影子。随后，中年妇女说：“要不，我们到地下车库找找，小猫可能跑到那里了。”

小豪立即就答应了，小睿却拉住他，对中年妇女说：“阿姨，我们要回家了，不能帮你了。”

中年妇女一脸很着急的样子，再次请求他们帮忙，说这小猫是自家孩子养的，孩子在家里哭得很伤心。小睿依旧不为所动，拒绝了她，还说："阿姨，您可以写个寻物启事，贴在小区大门和各单元电梯里。这个小区的人都很热情，一定能帮您找到小猫！"说完，直接拉着小豪回了家。

没想到，中年妇女恼羞成怒了，冲着小豪和小睿喊道："你们这两孩子怎么不懂得助人为乐，老师是怎么教你们的？"

小睿也不理她，直接往家里跑去。中年妇女没辙了，就只能离开了。

路上，小豪问小睿："我们为什么不帮助那个阿姨，我看她真的很着急！"

小睿说："我觉得她有些可疑，可能是坏人。我妈妈教过我，大人一般不会找小孩帮忙，如果刻意找小孩帮忙，很可能就是坏人。而且她还想让我们去偏僻的地下车库，看我不同意，马上就恼羞成怒了。那她一定是坏人！"

小豪认同了小睿的话，两人立即赶回家，和父母讲了事情经过，在父母的协助下报了警。果然，那个中年妇女是个人贩子，专门博取未成年人的同情，不是说寻找丢失的宠物，就是说寻找外出玩耍很久不回家的小孩。她在寻求小豪和小睿帮助时，她的同伴早已在地下车库等候，寻找机会把小豪和小睿掳进车里带走。幸好，小睿聪明机敏又警惕性高，这才避免了危险的发生。

男孩的安全意识教育越早越好，在男孩幼年时期，父母就应该教会他识别陌生人的可疑行为，并且教会孩子掌握防范危险的策略和技巧。

因为男孩的心思很单纯，想法也很简单。有时候，陌生人递过来一颗糖果就会让他们放下戒备，有时候陌生人表现得很焦急或是痛苦，就会让他们轻易地伸出援助之手。因此，在教育男孩时，要教会他们乐于助人，但是不能把他们教成善良但没有防范意识的“小白兔”。

一定要告诉孩子对于陌生人的求助要保持警惕，最好拒绝。因为大人通常不会找孩子帮忙，大人办不到的事情，孩子就更办不到了。明知孩子办不到，却又多次要求帮忙，那就是别有用心。

要让男孩清晰地认识到自己还是未成年人，帮助别人的能力是有限的，有些事自己可以帮助别人，而有些事情自己根本办不到；意识到帮助别人也需要有智慧，该帮助的帮助，该拒绝的拒绝。如果发现陌生人的求助别有用心，可以暗示自己的家长就在附近，或是尽快回到学校或家中。就算陌生人要求自己去很近、很熟悉的地方，也要拒绝，告诉对方可以找警察或其他大人帮忙。

走丢了，男孩怎么办？

小异的父母带着 5 岁的小异到步行街逛街，走着走着，小异被一个卖糖人的摊位吸引了，吵着父母给自己买一个孙悟空糖人。爸爸说：“这街道上行人太多了，拿着糖人很不方便，我们等快回家时再来买吧。”

可说是这样说，小异还是心心念念想着买那个孙悟空糖人，跟着父母走的时候也是一步两回头，并趁着爸爸妈妈不注意的时候又回到摊位前。结果小异和爸爸妈妈走散了，等发现找不到爸爸妈妈时，他着急地往前跑了一段路，但也没有找到爸爸妈妈。他吓得大哭起来，一边哭一边高声喊着“妈妈”。

小异的哭声吸引了路上的行人，大家都停下来询问他出了什么事情。小异说自己找不到妈妈了，路人热心地来帮忙，有的询问他叫什么、妈妈的电话是多少，有的说要报警，把小异交给警察。这时一个女孩站了出来，说：“这个弟弟和爸爸妈妈走散没多少时间，他们应该走不远，说不定就在附近找他了。我带着他来找爸爸妈妈吧！”说完对着小异说：“弟弟，姐姐带你找爸爸妈妈吧！”小异痛快地点了点头，停止了哭泣，跟着女孩走了。

十几分钟后，女孩带着小异找到了爸爸妈妈，一见面小异就扑到了妈妈的怀里，而小异的爸爸妈妈一边安慰小异，一边连声向女孩道谢。

回到家后，妈妈对小异进行了教育，说：“外出时，你一定要牵着爸爸妈妈的手，不能被喜欢的东西吸引，不要到处乱跑……幸好有那个姐姐带着你找到了妈妈，要不然，你就走丢了。要是被坏人拐跑了，怎么办？”

爸爸却说：“值得庆幸的是，那个女孩不是坏人。我们真的应该加强对孩子的安全教育，这孩子，太相信陌生人了！有很多孩子都是在外面和父母走散了，然后轻易跟着陌生人走，相信陌生人可以帮助自己找到爸爸妈妈，所以才被人贩子拐走了。”

之后两人展开了对小异的安全教育，教他如何应对与父母走散、与老师走散等情形。

在人群聚集的地方，年幼的男孩与父母走散，内心必然恐惧、焦虑不已。这个时候，遇到有人说“我可以帮你找到妈妈”就会卸下防备心，痛快地跟着陌生人走。对男孩进行安全教育时，父母首先要告诉他不能乱跑、脱离父母的视线，同时更要告诉他，如果与爸爸妈妈走散了，最好留在原地，不要惊慌失措，不要到处乱跑。

让男孩学会保持冷静，如果记得爸爸妈妈的电话号码，可以向周围的人求助，最好是求助于带着孩子的夫妻，借用电话给爸爸妈妈打电话。如果是在商场或超市等场所，可以找导购员、柜台工作人员、保安等，也可以到服务台求助；如果是在街道上，看到附近有派出所、有巡逻的警察，应该向警察求助。

让男孩牢记不要和陌生人走，即便对方说诸如“我带你去找妈妈”“我看到你爸爸妈妈就在前面，我带你过去”这类的话，也不要轻易相信。如果被对方强行带走，要大喊“我不认识他，他是坏人，他要带走我”，并且机智地找最近的人帮忙。

闭紧嘴巴，这些不能说

一年级的思源在家上网课，而父母都在上班，家里只有他一个人。为了孩子安全，也为了监督他好好学习，父母在家里安装了摄像头。

一天上午，爸爸准备看思源有没有认真上课，便趁休息时间查看了摄像头。这一看可不要紧，他看到思源正在和一个陌生人坐在沙发上高兴地聊着。那陌生人来敲门，说自己是检查电路的物业人员，进来看看家中电路是否有问题。一开始思源还不愿意开门，可对方没说几句话，这孩子就开了门。是的，爸爸想起来了，物业发了通知说这几天会有人到家里检查电路，自己忘了这回事，也忘了约人家周末再过来。

陌生人询问："你家里就你自己吗？"

思源说："是的，我爸妈上班去了，我在家上网课。"

接着，思源就和陌生人聊了起来，说了爸妈的工作，说了自己的学校，还说了爸妈的姓名。看到这，爸爸额头直冒冷汗，赶紧给思源打电话，不让他继续泄露家庭信息，也让那人知道家里安装了摄像头。

下班后，父母立即找思源谈话，询问他为什么给陌生人开门，为什么向陌生人透漏家里的信息。谁知思源疑惑地说："他说自己是物业的，而且说整个小区都在检修电路，如果不检修，可能会有危险。"

父母头疼地相互看了一眼，意识到自己太忽视对思源的安全教育，这才导致这孩子既没有危险意识，也没有保护隐私的意识。接下来，他们赶紧对思源耳提面命，教育他不能随便给陌生人开门，不能随便泄露个人和家庭的一些情况。

思源还是有些不在意，爸爸立即拿出了 iPad（苹果平板电脑），说："你看看这条新闻，一个陌生人与男孩套近乎，打探他家里的情况，知道他父母上下班的时间，趁机偷盗，结果让家里损失了价值几万元的财物。还有这条，一个七八岁男孩和陌生人说了自己学校的详细信息，结果这个陌生人给他父母打电话，冒充他老师说他在学校出了意外，骗走了好几万元……"

当然，父母对思源的安全教育不是一时的，而是在平时也多提醒、多引导，这才让孩子提高了警惕。

很多时候，男孩虽然年龄增长了，但是生活常识却比较缺乏，对陌生人的警惕性也不高。一旦陌生人假装和男孩套近乎，或是表现出善意，他们就会忘了什么该说什么不该说，随意把一些家庭情况透露出来。因此，父母需要保护孩子和家庭的安全，让孩子把陌生人拒之门外。教孩子说"善意的谎言"，如果陌生人在门外，询问父母是否在家，应该说在家，而不是说只有自己一个人在家。

如孩子要学会闭紧嘴巴，在外面不轻易和陌生人说自己和父母的姓名，不说自己的家庭住址；不要告诉陌生人父母的电话号码、工作地址、工作性质、薪资情况；不要说自己的学校、班级；更不能说信用卡密码、微信支付密码……

对于男孩来说，他们不知道这些信息是隐私，轻易告诉陌生人可能给自己带来危险。因此父母需要对男孩负责，更需要告诉他如何防范危险、提高对陌生人的警惕，让他知道什么时候该张嘴，什么时候该闭嘴，这样才不会让不法分子钻了空子。

陌生人来敲门？请紧闭大门

一天，妈妈们带着天天与他的伙伴到公园游玩，恰好市公安局的警察和当地的媒体正在进行儿童安全防范知识宣传。于是，天天的妈妈和伙伴的妈妈便带着孩子去听课，课堂上警察询问天天的妈妈："遇到陌生人来敲门，你的孩子会开门吗？"

妈妈斩钉截铁地说："我时常告诉他不要给陌生人开门，他应该不会开门吧！"警察笑着说："很多父母也是这样认为的，可是当我们做试验的时候，孩子很轻易地就开门了。你回去之后不妨找个朋友做个小试验，看孩子的反应到底怎样。"

妈妈心想：是呀！我时常教育孩子，孩子答应得也挺好，可一直没做试验，也不知道效果如何呀！第二天，妈妈找到一个天天不认识的朋友，请他到家里来做客，并让他帮忙试探试探天天。

朋友到楼下时，爸爸妈妈便找了个借口外出了，并嘱咐道："天天，爸爸妈妈去买菜，你在家看动画片。如果有人来敲门，千万不要开门哦！"天天痛快地答应了。

很快朋友来敲门，天天的父母在楼道里悄悄藏了起来。一开始家里没有动静，朋友再次敲门，里面传来天天的询问：“谁啊？”朋友大声回答：“我是你妈妈的朋友，来给叔叔开门好吗？”

天天不一会儿就打开了家门，说：“我爸爸妈妈出去买菜去了，不在家。”虽然不认识眼前的人，但是天天没有一点防备的意思，直接让朋友进了家门。随后，天天继续坐在沙发上看动画片，而朋友也坐在他身边，有一搭没一搭地和他聊天，询问他家里的一些情况，天天也是如实回答。

过了一会儿，朋友问：“叔叔想参观一下你家，可以吗？”天天痛快答应了，并且带着他参观了父母的卧室、书房，期间朋友自己动手“翻找”了贵重的东西，天天也没有说什么。一直等到爸爸妈妈回家，天天依旧和朋友“友好”地相处着……

事后，妈妈很惊讶也很担心，说：“我总是教育他不要给陌生人开门，他为什么还这么轻易地开了门呢？他竟然一点防备心都没有，还带着陌生人参观房间！看来，我们真的应该对他加强安全教育了。”

年龄小的男孩普遍缺乏安全意识，尤其是年龄在3—8岁的男孩。虽然父母之前做足了安全教育，但是单独在家的男孩还是会轻易给陌生人开门，尤其在对方声称“我是你爸爸的朋友”“我是消防员”“我是检修工人”的时候。因此，父母需要给男孩有效的保护，不要轻易让年龄小的孩子单独待在家里，同时也要加强安全教育，时常告诫他“不要给陌生人开门”。

更为重要的是，要让男孩对危险有充分认识，意识到除了爸爸妈妈、爷爷奶奶、外公外婆等人之外，其他人都属于陌生人的范畴，应保持着戒备心和警惕性，不能随便让他进入自己的家。不管来人有什么理由，就算自称是爸爸妈妈的朋友，自称是消防员、快递员、检修工人，也不能开门。因为坏人会冒充这些人，专门骗小孩或是做其他坏事。

告诉男孩，即便来人叫出你的姓名和父母的姓名，也需要提高警惕，不能轻易开门。可以问他有什么事情，记下来告诉父母；可以告诉他父母的电话，让他给父母打电话。

对于年龄小的男孩，只告诫“不要给陌生人开门”是不够的，可以教给男孩一些儿歌，同时进行情景模拟和做一些小试验。帮助男孩做好充分的安全教育和防护，把安全教育真正重视起来，这样才能让男孩的成长之路多一分安全，少一些危险。

来路不明的东西？请拒绝

远远的妈妈发现儿子远远最近精神不振，每天都无精打采的，学习成绩也是急速下降。看到这样的情况，妈妈看在眼里急在心里，于是多次询问远远是不是有不开心的事，还是学习压力太大了。

一开始远远支支吾吾，后来经不住妈妈的询问，这才说出事情的原委。原来，远远前段时间在网上玩游戏，遇到一个聊得很投机的网友，便述说了自己成绩一直提高不了的苦恼，担心考不上重点高中。网友听了之后，给他推荐了一个“聪明药”，说是人吃了之后成绩会直线上升。

远远很是好奇，于是和网友见了面，买了一小瓶“聪明药”。果然，远远变“聪明”了，上课下课都精神百倍，学习效率高了，成绩也提高了好几十分。最近这“聪明药”吃完了，远远就开始感觉头疼、萎靡不振、恶心，做什么都提不起精神，学习成绩和效率也直线下降。

妈妈吓坏了，怀疑孩子是吃了“毒品”，因为她在网上看过类似情况，说一些新型毒品伪装成“聪明药”“跳跳糖”，让不少青少年深受其害。妈妈立即让孩子把那个药瓶找出来，带着药瓶和孩子来到医院检查。结果，这个“聪明药”就是一种叫作哌甲酯的精神药品，可以使人的中枢神经保持兴奋状态，提高人的注意力，但是服用时间长了，就会导致食欲不振、失眠、心动过速等状况，在长时间服用后断药，就会出现头疼、萎靡不振等情况。

妈妈意识到问题的严重性，当天就和远远的爸爸、远远开了家庭会议，与孩子进行深入的沟通与交流。一方面引导孩子不要因为学习给自己太大压力。如果有压力，可以和爸爸妈妈进行沟通，通过运动、玩游戏等方式来释放压力。一方面告诉孩子不轻易相信陌生人，不轻易吃、使用来路不明的东西。

事实上，现在有很多类似的“零食”，一些不怀好意的人想办法让青少年“尝试”。一旦孩子们抵挡不住“零食诱惑”，加之缺乏分辨能力，造成误食、上瘾，结果不仅会害了自己，也会给家庭带来苦与泪。

害人之心不可有，防人之心不可无。我们的家长要保护孩子，不让孩子接触那些伪装成零食的毒品，但更重要的是教会孩子明辨是非。同时，不要觉得孩子还小，肯定接触不到毒品。一定要在生活中给孩子传递自我保护的意识，带孩子参加禁毒普法活动，让孩子多学些禁毒知识，多了解和识别那些“毒食品”，然后远离它们。

告诉男孩，警惕“零食诱惑”，不要去品尝陌生人给的食物、饮料，更不能喝脱离过自己视线的水和饮料；对于别人所说的“新奇玩意”“好东西”“吃了可以提高成绩的聪明药”，一定不能有好奇心，不能去尝试。

除此之外，平时多带孩子到正规超市、商场买东西，不在路边摊贩、街边小摊上买三无产品，更不要在网络上买三无产品。多关心孩子的身体和精神状况，多与孩子进行沟通，真正把安全教育落到实处，这样才能让男孩的内心多一分谨慎，在生活中少一分危险。

指路没问题，带路还是算了吧

某小学与当地社区联合组织了一次安全试验，由社区人员假扮陌生人，在学校门口寻求学生的帮助。看到陆陆续续放学的孩子，社区人员热情地走上前，说："小朋友，你知道 ×× 怎么走吗？"

面对别人的求助，有的孩子摇头表示不知道，有的则热情地指路，还说出附近的标志性建筑物。社区人员表示"没听懂"，说："是不是很远？我刚到这里，还真是摸不透这里的路该怎么走！"

一个男孩站了出来，说："叔叔，你从这条路直走，然后下一个路口转弯，再走几百米就可以了。"

社区人员开始和孩子们套近乎，夸他们乐于助人，是很好的少先队员。孩子们也很高兴，表现得更健谈。这时，社区人员针对这个男孩提出要求："孩子，我有急事到 ××，你能带我去吗？我怕再迷路，耽误大事。"这个时候，孩子的戒备心早已经放下了，热情地给社区人员带了路。

类似地，社区人员装扮成老年夫妇，说自己拿不动东西，请孩子帮忙拎回家；或是扮成外来人员，让孩子给自己带路。结果不到一个小时，十来个孩子就被“陌生人”带走了，有的孩子甚至坐上了“陌生人”的汽车。

事后，学校老师问孩子们为什么这样做，有的孩子说：“我要热情帮助别人，这是我应该做的。”有的孩子说：“反正叔叔又不是坏人，要是他是坏人的话，我肯定不会给他带路的。”一个三年级的男孩则说：“那个叔叔说了，我给他带路，他会给我买玩具！”

之后，学校对孩子们进行了安全教育和防骗教育，明确告诉孩子们：面对陌生人，要多一些谨慎，多一些防备；不随意和陌生人说话，不轻易相信陌生人的话；可以给陌生人指路，但是千万不能带路……

当然，学校教育是重要的，家庭教育也很重要。面对陌生人，男孩的戒备心不足，在天真的男孩看来，给陌生人带路，就是热情帮助别人，就是一个好孩子应该做的。可很多时候，一些不怀好意的“陌生人”就是利用孩子的善良与天真来实现自己的不法目的。所以，我们要保护孩子，但更要加强孩子的防骗意识，告诉孩子不要轻易相信陌生人。

男孩需要有乐于助人的好品质，但是必须告诉他：有人向你问路，可以帮忙指路，热心周到、不求回报。但如果陌生人要求你带路，尤其是让你上他的车，就需要警惕了，冷静思考一下，对方为什么会这样做，自己是不是会遇到危险。

如果男孩年龄比较小，家长更应该明确告诉孩子：“如果有陌生人用糖果、玩具、钱来吸引你，让你带他去一个地方，千万不要被骗！要马上来找爸爸妈妈，或是马上回学校找老师，这才是正确的做法。”

孩子的安全教育，真的不能放松。教会男孩提高自我保护意识，不轻易相信别人的话，不轻易看别人“面善”“不像坏人”就给他带路，这样才能让他避免遭到不必要的伤害。

有陌生人跟踪你，怎么办?

这一天，俊俊的爸爸下班比较早，回家路上看到俊俊正好放学回家，背着书包蹦蹦跳跳地边走边玩。爸爸刚要开口叫住他，但又忍住了，想观察这孩子是按时回家还是贪玩不回家。于是，爸爸就悄悄跟着俊俊，并且为了怕孩子发现自己还特意戴上了墨镜和帽子。

一开始，俊俊还毫无察觉，可没过几分钟就感觉好像有人跟踪自己了。他假装捡路上的小石头，然后回头观察，想看清跟踪自己的是什么人。爸爸心想："这小子还挺机灵的！"赶紧转了一个弯，往小区公园走去。俊俊这才放了心，然后快步地跑回家。

不一会儿，爸爸也回到家里。刚开门，俊俊就跑过来，大声说："爸爸，我跟你说，今天好像有一个人在跟踪我，你说他是不是坏人？"

爸爸说："哦，是吗？你怎么发现他跟踪你了？看清他是什么人了吗？"

俊俊着急地说："没看太清！不过我知道他穿着黑衣服、牛仔裤，还戴着墨镜……"

说到这，俊俊发现爸爸的帽子和墨镜，便迟疑地说："爸爸，那个人不会是你吧？"

爸爸笑着说："没错。不过我没有跟踪你，只是想观察一下你是不是乖乖回家。但是我发现你很棒，警惕性很高呀！"

俊俊"呀"地叫了一声，说："爸爸，你吓死我了！"

爸爸没有结束话题，而是严肃地说："如果不是我，而是真的有可疑的陌生人跟踪你，你会怎么办？"

俊俊不假思索地说："赶紧跑回家呀！"

爸爸这才发现孩子虽然有警惕性，但是自救意识还不强，不知道如何更好地应对突发事件。爸爸说："跑是正确的，但是你要想一想，你是小孩子，能跑得比大人快吗？跑进电梯，那人正好追上；跑回家，那人也正好赶到，强行把你推进房子，你一个人能保证自己的安全吗？"

俊俊不说话了，他显然没有考虑这些问题，也不知道该如何去做。于是，爸爸给俊俊上了一堂安全教育课，教他如何在危险时保护自己，如何在被人跟踪时机智地摆脱危险。

这个社会上善良的人很多，但是也有少数心怀不轨的人，把目光投向独自走在路上的孩子。父母可以保护男孩的安全，但是父母工作繁忙，不可能时刻待在男孩身边。所以，父母要告诉孩子提高警惕，上学和放学时最好与同学结伴而行，不要单独到偏僻、灯光昏暗的地方玩。如果发现被可疑陌生人跟踪，最好往人多的地方走，看到熟悉的同伴或邻居，主动和他们打招呼，一起同行。如果是夜晚，千万不要往小巷子跑，也不要往空旷的楼梯、电梯跑，应该到附近的超市、保安亭寻求帮助，这才是安全的做法。如果是单独外出，万一被陌生人跟踪，最好是跑到附近的派出所、消防站，或是进入超市、饭店，寻求他人的帮助。

父母要教会男孩勇敢，但这种勇敢是建立在提高自我保护能力的前提下的。面对可疑的陌生人，巧妙地寻求他人帮助，让自己少一分危险，而不是自认为自己很勇敢，能解决，甚至以硬碰硬。

“熟悉的陌生人”，最应该警惕

6 岁的男孩子路和伙伴们在公园里进行平衡车比赛。子路的妈妈忽然想起洗衣机里还在洗着衣服，便在交代子路不许乱跑、不许跟着陌生人走之后赶回家晾晒衣服。半个小时后，妈妈赶回公园，却看到子路正跟着一个中年男子往公园外走。妈妈立即把他叫了回来。

妈妈问道：“不是交代你不许跟着陌生人走吗？小孩子要懂得保护自己，不随便和陌生人交流，不随便吃陌生人给的东西，更不能随便和陌生人一起走，这些爸爸妈妈都教过你呀！你忘记了？”

子路高声说道：“我没忘记！可是这个叔叔不是陌生人！”

“你认识他？我怎么不认识？”子路妈妈感到很好奇。

子路笑着说：“妈妈不认识他，但是我和爸爸都认识呀。那个叔叔住在我们那边的房子里，我和爸爸一起给他修过电视，还给他送过钥匙。”

妈妈又问：“那你为什么跟着他走？”

子路说：“伙伴们都回家了，我一个人在这玩平衡车。那个叔叔过来了，知道妈妈回家了，就说带我找妈妈，还说要给我买饮料！”

妈妈吓坏了，虽然她不确定那个叔叔是不是坏人，但是子路这么容易相信他人，真的不是好事。她立即交代子路："孩子，你要记住，以后只要不是爸爸妈妈、爷爷奶奶，谁想带你走，你都不能答应。"

之后，妈妈和爸爸查证了，子路确实和爸爸去过几次那边的房子，那个叔叔也是老实本分的人。但是他们还是认为应该加强对子路的安全教育，而且不光要警惕陌生人，还有身边那些"熟人"。

男孩在成长过程中接触最多的那些"熟悉的陌生人"，包括小区内的保安、清洁人员，或是认识的伙伴的父母、亲人，或是爷爷奶奶认识的人，或是小区附近卖东西的人，等等。对于年纪小的男孩来说，这些人算是"熟人"，自己和他们说过话、打过招呼，而且他们平时很友好，还给过自己零食、玩具，人都"很好"。

然而，对于这些人的身份、姓名、家庭住址、过往经历、有无犯罪记录等，父母一概不知。这些"熟悉的陌生人"就是可能会伤害男孩的人。事实上，根据统计，90% 的儿童伤害案件都不是来自真正意义上的陌生人，而是那些在孩子身边的、他们已经认识的人。

对于父母来说，把男孩留在自己身边，是最安全的。然而，提高男孩的警惕性和识别能力，教会男孩多一分谨慎和用心，不能因为这个人"我认识"就放松了防范意识，不要看见友善的面庞就忘记可能存在的危险，他的成长过程才能够多一些安全少一些危险。

因此，父母要让男孩警惕陌生人，更要让他们警惕那些"熟悉的陌生人"。首先，要消除男孩的陌生人恐惧，告诉他并不是陌生人就是坏人，同时坏人也不只是陌生人。那些不是很亲近的、父母说不值得信赖的"熟人"，最好是不接触、不信任，更不能被他们带走。如果被对方强行带走，可以丢掉任何携带的东西，迅速逃跑，并大声呼救。如果可能，可以求助就近的成年人，最好是向带孩子的夫妻俩寻求帮助，可以大喊："救命！这个人是坏人！"

当然，男孩不是需要远离一切陌生人，而是要学会判断这个人是否危险，行为是否怪异。学会辨认危险、识别危险或不安全的信号，比远离陌生人更重要。只有这样，才能真正远离危险和侵害。

第四章

察言观色，练就一双“火眼金睛”

人认识这个世界最直观的方法就是用眼睛，但眼睛也会欺骗我们，特别是在面对人心这样复杂的东西时。看见的未必就是真实的，更重要的是用脑子去分析，用心去感受。只有这样，才能让我们的眼睛变成能看见真实的火眼金睛。

别盲目相信“第一印象”

男孩林楠家隔壁搬来一户新邻居，邻居是个高高壮壮的男人，脸上还有一道从眉骨一直延伸到下颚的疤，看上去就很不好惹。

林楠一直在偷偷留意新邻居，他发现，这个可怕的新邻居不仅长相可怕，而且还“不务正业”，有好几次他早上出门去上学的时候，新邻居才刚刚回家。这让林楠不禁开始猜测他的职业：像个混混，也有点像电视剧里的那种黑社会大哥，还说不定是个变态杀手！

总而言之，林楠觉得，新邻居一定不是好人，得着重提防，免得他祸害到自己家。当然，新邻居搬来的这段时间，也没有和林楠产生过什么交集，或许是感觉得到林楠对他的排斥，所以他也从来没有和林楠搭过话，连基本的寒暄都没有，这就让林楠更加警惕了。

关于新邻居的事情，林楠倒是没有和父母说过，但常常在学校里和自己的伙伴们一起讨论，臆想着新邻居在背地里做的各种坏事。

这天，林楠放学回家，刚走到家门口还没等开门，就被一个高高瘦瘦、笑得一脸和蔼的叔叔叫住了。叔叔笑着和林楠搭话，对他说：“小朋友，叔叔现在需要帮忙，你能帮叔叔一个忙吗？”

虽然面前的叔叔看上去十分和蔼可亲，但林楠的安全小雷达还是立即产生反应，不自觉地退后一步，警惕地问道：“什么忙？”

这个男人继续说道：“是这样的，叔叔约了个客户谈生意，他就住在这里，但是现在客户还没有回来，叔叔想上个厕所，又不能走太远。所以，想到你家里借用下厕所，你说好不好呀？”

现在这个时间，爸爸妈妈还没下班，家里只有自己一个人，林楠不禁有些慌乱，又往后退了一步，小声说：“我家厕所坏了……”

听到这话，这个男人依然没有放弃，继续说道：“哎呀，小朋友，老师没有教过你，要助人为乐吗？叔叔只是想借用下厕所，你怎么还撒谎了呢？这样可不是好孩子呀……”

看着眼前的男人离自己越来越近，林楠真是怕极了，正当他不知该如何是好时，一个粗粗的声音在背后响起：“干吗呢？”

林楠一愣，回头一看，是“凶恶的”新邻居。那个笑眯眯的男人看了新邻居一眼，嘟哝了一句：“哎呀，你们这里的住户真是不友好，不就是借用下厕所嘛，算了算了，我不借了。”说着转身急匆匆地走了。

看着那个男人离开，林楠长舒了一口气，心里对“凶恶的”新邻居也生出了几分感谢。在赶走男人之后，新邻居又叮嘱了林楠几句，让他注意安全，然后打电话到附近的派出所，说明了情况。

后来，林楠把这件事告诉了爸爸妈妈。他也终于知道，原来那个长相“凶恶的”新邻居是个警察，而且是办大案子的，他脸上那道“狰狞凶恶的”疤就是在抓捕犯人的时候留下的。

这件事后，林楠再也不会凭借外表轻易判断别人的好坏了，也不会再盲目地相信所谓的“第一印象”。

在人际交往中，“第一印象”对人们的影响是非常明显的，但事实上，很多时候，“第一印象”其实并没有那么靠谱。外表友善的人未必就一定是好人，外表凶恶的人也可能有一颗柔软的心。如果总是凭借“第一印象”轻易给人下定论、贴标签，那么在未来的路上，孩子恐怕得摔跟头。

在教育孩子时，父母要记得告诫他们，不要仅仅凭借所谓的“第一印象”就给一个人下定义。坏人不会把“坏”字写到脸上。许多外表出色、容易让人产生亲切感的人，可能还更具有危险性和欺诈性。

判别一个人或事物是好是坏，不能只凭眼睛或耳朵，而是要懂得多方观察，抓住细枝末节的蛛丝马迹，抽丝剥茧，这样才能真正勘破假象，看清本质。

考虑周全，细节最能打动人

最近，男孩舟舟和同桌小蕊闹翻了。几天后，老师调换座位，把两人调开了，就这样两人都有了新的同桌，而他们的关系也一直没有得到缓和。

舟舟和小蕊不仅是同学，还是邻居，两家大人的关系也非常亲近。本来作为一个男孩子，舟舟一般是不会和小蕊这个女孩子计较什么的，但这次的事情确实让他感到非常愤怒。

前一阵子，学校举行作文比赛，要求每个人都要参加。小蕊平时就不爱写作文，抓耳挠腮半天，实在想不出来写什么，就跑来找舟舟，说要借他的作文“参考”一下。舟舟也没多想，直接就把自己写好的作文给小蕊看了。

后来，比赛结果出来，舟舟没有获奖，小蕊却得了三等奖。本来这事舟舟也没怎么放在心上，直到后来看到校报上刊登的获奖作文，舟舟当时就“炸”了，因为小蕊这篇作文的内容和他写的简直一模一样，只是文笔经过了更多的修饰，所以显得更加出彩。

舟舟气得不行，在他看来，这就是朋友对自己的背叛。因为这事，舟舟和小蕊大吵一架，谁也不理谁了。调换座位后，两人的“冷战”也一直在持续。

舟舟的新同桌小敏是个特别温柔的女孩子，和舟舟以及小蕊的关系都不错，看着两个朋友闹别扭，小敏心里也有些难受，她经常开导舟舟说：“其实小蕊也不是故意的，她只是太喜欢你写的那篇作文了，而且，上次和你吵完架以后，小蕊就去找老师，要求撤销她的作文奖了，把奖状都还给了老师。小蕊一直都很想和你和好，就是怕你不理她，所以都不敢和你说话。舟舟，你就原谅小蕊吧。”

其实事情已经过去一段时间，舟舟也没有之前那么生气了，只是心里对小蕊还是有些别扭，所以两人一直没说话。在小敏的劝慰下，舟舟也觉得，自己是个男子汉，不应该和女孩子这么计较。正好再过几天就是小蕊的生日，舟舟便决定干脆给小蕊准备一份生日礼物，来给两人的关系“破冰”。

送什么礼物好呢？舟舟思前想后，最后在书店给小蕊挑了一套漫画书，这是小蕊特别喜欢的一个作者的新作品。在结账之前，舟舟又想到了新同桌小敏。这阵子，如果不是小敏的开导，舟舟也不能那么快就放下心结，于是他想了想，也给小敏挑选了一套漫画书作为礼物。

两个女孩收到礼物都非常感动。小蕊觉得，舟舟能记住自己喜欢的作者，可见对自己这个朋友非常重视，心中不由得感到十分惭愧，主动来向舟舟道了歉，两个朋友重归于好。而小敏呢，怎么也没想到，自己居然也能收到一份礼物，当下就感动得恨不得直接和舟舟“义结金兰”了。

不得不说，在人际交往方面，舟舟确实是个考虑周全的孩子。在送礼物时，他不是盲目选择当下流行的东西，而是根据小蕊的喜好，选择了一份能够送到她心坎上的礼物。此外，他也没有忽略新同桌小敏对他的帮助，用一份礼物表达了自己的谢意。

可以说，舟舟送出的礼物，关键并不在于礼物本身，而在于礼物所代表的意义，而这也是最让人感到动容的地方。一个小小的细节，往往最能打动人心。

人际关系的处理在我们的生活中是非常重要的，同样，在孩子成长的过程中也是非常重要的。在与人相处时，男孩通常都没有女孩那么细心，在考虑问题时往往也不够周全，而这些“不周全”则可能直接影响到男孩们的人际交往。

所以，父母在教育男孩时，一定要注意，提醒男孩学会留意细节，把细节渗透到生活的方方面面。要知道，细节之处，往往最容易打动人心。而经营好细节，就意味着经营好了每一份感情、每一件事情。

察言观色，别做“铁直男”

“女人心，海底针。”在电视里听到这句话时，男孩裴磊不由得叹息一声，简直感同身受啊！

事情还要从一个月前说起。当时，班主任下达了一个任务，让同学们在班级里组建“学习小组”，每组5—6人，一起学习，提升成绩。

芳芳是班上的学习委员，长得漂亮，成绩也好，在班级里很受欢迎，好多人都想和她在一个小组。芳芳最好的朋友婷婷和裴磊的同桌关系很好，于是在各种联系下，裴磊就非常幸运地和芳芳一个组了，这让许多人都羡慕不已。

这天放学，学习小组的成员们和往常一样，打算一块儿在学校把作业写完后再回家。开始写作业之前，裴磊看到芳芳正在和组里的两个女孩讨论自己的新手链，两个女孩都在夸赞芳芳的新手链有多么多么好看，芳芳却只是轻描淡写地说了一句：“还行吧，我姑姑从国外带回来送我的，也就那样……”

裴磊好奇地凑过去看了看，那是一条链条造型的手链。男孩子嘛，对于这种东西显然没有什么兴趣，也不理解究竟好看在哪里。听到芳芳这么说，就直接赞同地点点头，说道：“嗯，也就那样吧，像那种古代囚犯戴的大铁链似的……”

这话一出，芳芳的脸色顿时就掉了下去，一天都没和裴磊说话。裴磊呢，只觉得芳芳好像懒得理会自己，可又不知道到底是为什么。

周末的时候，学习小组决定一起约着去图书馆学习。平时在学校里，大家都被要求穿校服，好不容易周末了，女孩子们自然都忍不住打扮一番，芳芳也穿上了自己最喜欢的花裙子。见到大家以后，芳芳还有些不好意思，面对大家的夸奖，谦虚地说道：“真的好看吗？裙子那么短，会不会显得我腿粗啊？”

结果，还不等其他人说什么，裴磊就赞同地说道：“你腿是有点粗，比较适合穿裤子，可以挡一挡……”

一句话出来，气得芳芳差点儿掉头就走，最后为了不影响到小组的活动，才板着一张脸去了图书馆。

之后没多久，芳芳就退出了学习小组，裴磊也遭到了众人的谴责，但他不明白，自己到底怎么“惹”到芳芳了。唉，真是“女人心，海底针”啊！

与人交往时，很多时候，对方口中说出的话，未必就真是他的心里话。就像芳芳，她嘴上似乎很嫌弃自己的手链，但从她兴致勃勃地给朋友展示和介绍的反应来看，她自己其实是非常喜欢这条手链的，将它展示在大家面前，自然也是希望能够得到赞叹和夸奖。结果裴磊呢，完全没有察觉到芳芳的心思，还直接把手链批了一通，怎么可能不得罪芳芳？

后来，芳芳穿上自己喜欢的花裙子，在大家夸奖她时，又自谦地提出关于“腿粗”的问题。很显然，她特意提及这个问题，说明这是芳芳心里非常介意，甚至有些自卑的地方，在这样的情况下提出，也是希望大家能够反驳的。结果没想到，我们的“铁直男”裴磊又一次直接顺着芳芳自谦的话，给她的“腿粗”问题盖棺定论了。这一桩桩、一件件得罪人的事发生，芳芳又怎么可能还对裴磊有好印象呢？

相对女孩来说，大多数的男孩都是大大咧咧的，就像裴磊这样，他们不会花太多心思去琢磨别人的想法，也总容易忽略别人的情绪变化，导致常常得罪人而不自知，把别人惹怒了还不知道问题出在哪里。这样的特质对于人际关系的建立与经营显然是极为不利的。

所以，在男孩的成长过程中，父母一定要注意教会男孩察言观色，透过现象看本质，可别让他活成一个“铁直男”。

明白什么才是真正的“为你好”

这次考试，妈妈答应关关，只要能进步五个名次，就给他买他最想要的飞机模型。有了这个承诺，关关是铆足了劲儿地学习。

其实关关平时成绩不差，但有一个科目却总是在一直拉他“后腿”，那就是数学。果不其然，在数学考试时，关关发现有一道给分很高的大题，不管他怎么思考，都想不出解法来，这可真是急死人了。

这时候，关关发现同桌晓蕾似乎已经把试卷做完了，当然也包括那道让他绞尽脑汁也想不出解法的大题。于是关关忍不住伸出腿踢了踢坐在自己旁边的晓蕾，又朝着自己的试卷努了努嘴，意思就是：快给我看看这道题怎么解，不要挡着！

结果，晓蕾默默地看了关关一眼，直接把头转开了，不仅没有把试卷打开放平，反而又往前推了一点，然后人直接趴在桌子上，把试卷挡了个严严实实。

考试结束后，一走出考场，关关就痛心疾首地“控诉”晓蕾：“你怎么那么笨啊！我给你使眼色使半天，让你给我看看那道题怎么做，你怎么就领会不到，还直接趴下了？唉，这一道大题十分呢，能拉开多少名次啊，我的飞机模型的事又泡汤了！咱就不能有点儿默契吗！”

听到关关的话，晓蕾却沉默了片刻，才开口说道：“我知道你什么意思，我也看懂你的意思了。”

这回轮到关关沉默了，他过了很久才皱眉问道：“你这什么意思啊？那你都明白了，怎么不给我看一眼呢？又不要你做什么，只是稍微放开让我看看而已。还朋友呢，你这也太不够意思了吧！”

晓蕾认真地说道：“就是因为我们是朋友，所以我才不能给你看。作弊是不对的，不管是出于什么样的原因，也不管老师有没有发现，作弊都是不对的事情。我们是好朋友，你需要帮助，我一定会帮助你。我可以给你讲你不会做的题，可以教你你不会的知识点，但我不能帮你作弊。”

关关虽然觉得晓蕾的话有一定道理，但一时之间感情上又实在转不过弯来，加之再想到自己心心念念的模型恐怕要“飞”了，实在不愿意再和晓蕾说话，两人就这样陷入了冷战。

这些天，虽然一直没和晓蕾和解，但其实关关也一直在思索她的话，并反省自己的行为。自己曾经答应过妈妈，会凭借自己的努力，提升成绩，希望妈妈到时候奖励一个自己最爱的飞机模型。如果这一次，他通过作弊得到了模型，那么他会不会觉得，作弊是一件带给自己好处的事情，以后就经常作弊呢？

这天下午，刚上课关关就看到晓蕾把一页纸放在自己面前，纸上密密麻麻地写了很多字和公式。关关好奇地拿起来一看，这不就是自己之前考试不会做的那道题吗？题目下方不仅列出了三种解题方法，还详细记录了各种解题方法的解题思路，而且一看字迹就知道是晓蕾自己总结的。

晓蕾对关关说道：“我们是好朋友，所以我希望能用正确的方式帮助你。你看看这道题，如果还没看懂的话，我可以给你讲。”

看着手中的纸，关关觉得它沉甸甸的。听着晓蕾的话，关关在这一刻终于体会到了同桌的用心良苦，不好意思地笑了起来。

真正的“为你好”不是事事都顺从你的心意，听你的话，哪怕你做的是错事也要蒙着眼睛冲上去帮忙。就像考试作弊，这明显是错误的行为，如果你出于义气而去帮朋友作弊，那就真的是“好心办坏事”了。一旦朋友吃到作弊的甜头，把作弊当成一件习以为常的事情，那么总有一天，必然会因为这样的行为而受到伤害。

男孩在成长过程中，会遇到许多人、许多事、许多诱惑。有时，男孩们会因诱惑而迷失自己，踏上错误的道路。在这种时候，男孩们真正需要的，不是一个帮助他“善后”的人，而是一个能够在关键时刻拉住他，阻止他犯错的人，这个人才是真正值得结交的朋友，也才是真正“为你好”的朋友。

就像晓蕾，她无疑是关关的好朋友，更是一个真正懂得什么叫“为你好”的朋友。就像她最后对关关说的：“我们是好朋友，所以我希望能用正确的方式帮助你。”能够遇到晓蕾这样的朋友，是关关的幸运。

在教育男孩的过程中，要让他记住，那些只会说甜言蜜语的人，未必就是真的“为你好”。而那些反对你、阻止你的人，或许才是真正值得你结交的人。忠言逆耳利于行，男孩要学会擦亮眼睛，找到那些真正“为你好”、值得自己去结交的人。

提防谎言，但也不必否定巧合

从小程程的父母就告诫他，不要轻易相信别人。因为人都是会撒谎的，轻易相信别人说的话，最后受到伤害的很可能是自己。程程一直牢记父母的告诫，在成长过程中，也确实因为这一告诫，规避了许多危险。

但也正是因为这个告诫，程程每次在交新朋友的时候，都会特别小心谨慎，对别人说的话，更是会忍不住再三琢磨、再三思索，一旦发现对方可能存在欺骗自己的行为，就会主动远离这个“撒谎精”。

最近班里调整座位，程程有了一个新同桌小默。小默人如其名，非常安静，不怎么爱说话，但性格很好，也从来不乱发脾气。程程和小默相处得还算愉快，但由于两人都不是外向的性格，所以即使同桌有一段时间了，彼此之间的关系也仍旧显得十分生疏。

这天早上，程程来到教室，拿出文具盒。一看，才发现自己忘记带橡皮擦了。因为临近期末考试，最近课堂上几乎都是做题，没有橡皮擦就很不方便。于是，程程想来想去，只得开口向自己这位不怎么熟悉的同桌借橡皮擦。结果，同桌小默却淡淡地说了一句：“我也忘记带橡皮擦了。”

对于小默的回答，程程的第一反应就是怀疑，怎么会有这么巧的事？肯定是不想借给自己，所以才这么说的！这么想着，程程虽然没说什么，但在心里已经给同桌记上了一笔，贴上了“不可往来的撒谎精、小气鬼”这一标签。

课堂上，因为没有橡皮擦，在做题时，遇到写错的情况，程程只能用笔划掉，本子上实在是有些不好看。程程一边心里生着闷气，一边悄悄注意着小默，就想看他什么时候忍不住把橡皮擦掏出来。结果他发现，小默为了“欺骗”他，居然真的一直没拿出橡皮擦，在本子上写错了也是用笔划掉，心里对他更无语了。

下课铃声刚响，小默就急匆匆地离开座位跑出去了，一直到第二节课开始，他才急匆匆地跑回来。回到座位之后，小默掏出了两块新买的橡皮擦，把其中一块递给了程程，对他说：“我去买橡皮擦了，顺便给你也买了一块，学校商店里只有这一种，虽然不是很好用，但将就用也还行。”

程程木愣愣地接过橡皮擦，脸顿时红了。原来小默是真的忘记带橡皮擦，并不是因为小气不想借给自己，所以才撒谎的啊！想起刚才自己在心里对小默的臆想和指责，程程感觉更不好意思了，原来这个世界上，有些巧合真的只是巧合而已。

对于男孩们来说，被欺骗是不可原谅的事情，他们渴望真挚而诚实的友谊，他们渴望相信别人，但同时也对这个世界充满提防。他们足够天真，所以对很多事情的看法都是非黑即白；但同时他们也足够警惕，所以对许多事情也会充满怀疑。

就像程程，对于交朋友这件事，他有极高的道德准则，他不能接受欺骗，所以一旦身边的人有欺骗的嫌疑，他就不想再与对方交往。在发现同桌小默可能对自己存在欺骗时，他并没有说出来，但心里对小默却已经产生了抵触情绪，同时又在不停地观察他，试图用更多的证据拆穿他的谎言。而当他发现小默并不是在欺骗自己，并且还十分热心地帮自己也买了橡皮擦时，心中又对他充满愧疚，并发自内心地对他产生了信任感。

与人交往，有警惕性和提防心是非常正确的，但与此同时，也不应该否认巧合存在的可能。很多时候，很多的巧合或许真的只是巧合而已，并不意味着背后就一定充满阴谋和欺骗。所以，要提醒男孩有提防之心，但同时，也要注意，别让这种提防心成为不分场合的疑神疑鬼。男孩需要明白缺乏尊重与信任的关系，是永远无法长久的。在这个世界上，谎言很多，但真诚永远都不会少。

坦诚地说出来，别人才会懂

阳阳和乐乐是好朋友，两人从幼儿园就认识了，又住在同一幢楼里，关系十分亲近。阳阳性格比较安静内向，而乐乐则比较活泼，而且十分擅长交际，不管在哪里都能迅速和人拉近关系，交上朋友。

上小学以后，活泼的乐乐有了更多的朋友。虽然他总说阳阳才是他最好的兄弟，但朋友一多，对好兄弟的关注自然也就不如从前那么多了。久而久之，朋友本来就少的阳阳不免心里有些不是滋味儿。

一天下午，刚放学阳阳就听到有同学约乐乐去打篮球。前几天的时候他就和乐乐约好，今天要去新开的奶茶店试喝，但乐乐仿佛已经忘记了这件事，直接应下了同学的邀约，还跑来问阳阳：“要不要一起去打球？”

阳阳心里有些不高兴，但又不想表现出来，就冷淡地拒绝了乐乐，直接背着书包回去了。阳阳连乐乐在背后喊他，他也假装没听到。

第二天一早，乐乐就主动来找阳阳，向他道歉说：“对不起对不起，我都忘记了，昨天跟你说好去喝奶茶的，你怎么也没提醒我呀？”

听到乐乐的话，阳阳心里更不高兴了，觉得乐乐根本没把这个约定放在心上，只有自己傻傻地记着，于是冷淡地回了一句："是吗？我也忘了。"

乐乐没注意到阳阳情绪不对，还长舒一口气，说道："啊，原来你也忘了呀，那要不我们今天去吧？"

阳阳瞥了乐乐一眼，冷淡地说："不去了，今天回家有事。"之后就再也不理乐乐了，把乐乐弄得一头雾水，完全不明白自己是怎么招惹到了阳阳。

因为和乐乐的事情，阳阳情绪一直非常低落。妈妈注意到之后，和他进行了一番谈话。在得知了事情的始末和阳阳心里的想法后，妈妈温柔地对阳阳说道："你是不是觉得乐乐身边的朋友太多了，根本无暇顾及你的感受，不像你重视他那样重视你了？"

阳阳默默地点了点头。

妈妈又继续说道："每个人的性格都是不一样的，你喜欢安静，不喜欢吵闹，只愿意结交几个特别好的朋友。但乐乐性格外向，喜欢热闹，和谁都能打成一片。这是你们性格上的不同，没有什么好坏对错之分。但你们是好朋友，你应该把自己的感受告诉乐乐，让乐乐明白你的想法，知道你为什么会对他生气。只有这样，你们才能找到更好的相处方式。人与人本来就是不同的，即使是和最好的朋友，也会有矛盾和分歧，你们应该做的，是坦诚地将自己的想法说出来，通过交流和磨合，找到最适合彼此的相处之道。"

和妈妈谈过话之后，阳阳打开了自己的心结，他也不愿意失去乐乐这个最好的兄弟。于是，阳阳找了个机会，和乐乐交流了很久，把自己的想法和感受都告诉了乐乐。乐乐非常惊讶，他只感觉阳阳有时候似乎不太想理会自己，但却完全没意识到他是在生自己的气。乐乐只以为阳阳可能是遇到了什么事情心情不好，所以才不愿意说话，而自己甚至还想着，那就不要去打扰阳阳，让他清静一下呢！

把事情说开后，阳阳和乐乐的感情更好了，两人也更能理解对方了。就像妈妈说的，在彼此磨合之后，他们终于找到了最适合彼此的相处之道，收获了更加牢固的友谊。

处于青春期的男孩情绪波动往往都比较大，情绪也容易阴晴不定、变化莫测。这种时候，如果不能了解男孩情绪变化的原因，就不免会让人觉得有些莫名其妙。就像阳阳，他的情绪变化都是有原因的，他对乐乐的爱搭不理其实也都可以追根溯源，但乐乐却并不清楚。如果阳阳一直不肯对他坦露自己的内心想法，始终藏着自己的心，那么久而久之，他们之间的友谊必然会因为缺少沟通和交流而受到伤害。

很多时候，误会的产生都是因为沟通不当。不仅是朋友之间，与父母、师长之间的相处也是如此。如果大家都不愿意敞开心扉，向对方坦诚表达自己的想法，那么在缺乏理解和沟通的情况下，你的一切情绪起伏，都只会让人觉得莫名其妙，久而久之，彼此之间的感情自然也就很难维系了。

所以，男孩一定要勇敢地将自己内心的想法表达出来。男孩不坦诚地说出来，别人又怎么会懂呢？别人不懂，又如何能走进男孩的内心，了解男孩的世界呢？

分清赞美背后的真实意图

最近，球球在放学回家的路上遇到了一件十分惊险的事儿。一个长相漂亮、举止温柔的阿姨来和他搭话，向他问路。

一开始，球球很热心地回答了阿姨的问题，还给她指了路，但这个阿姨好像不是很聪明，球球讲了半天，她好像也没怎么听懂。但这个阿姨实在是太会说话了，一直在夸奖球球，说他是个热心助人的好孩子，夸他有耐性，不嫌弃自己麻烦，还说一定要给球球学校寄感谢信，夸奖他乐于助人。

球球被阿姨夸得飘飘然，虽然觉得这个阿姨确实有点啰唆、有点笨，但依然一直很耐心地和她说话。后来这个阿姨提出，说为了感谢球球的耐心指路，要带他去吃冰淇淋。球球立刻就警惕了起来，婉拒了阿姨的邀请。

正巧这时，球球看到邻居阿姨路过，灵机一动，赶紧冲过去和阿姨搭话，要和阿姨一起回家。邻居阿姨看了看球球，又看了看跟在他身边的陌生女人，立刻警惕地把球球拉到自己身边，见球球身边来了人，那个陌生的阿姨也没有再说什么，道了声谢以后就离开了。

回到家以后，球球把自己今天遇到的这件事情告诉了爸爸妈妈，爸爸妈妈听后一阵后怕，虽然不确定今天球球遇到的陌生女人就一定是坏人，但这种反常的状况，如果球球真的跟她去吃冰淇淋，天知道会发生什么事情。

之后，妈妈夸奖了球球，结果，球球小手一挥，撇撇嘴说道：“唉，你们这都是套路。以为我不知道呢，她夸我乐于助人，夸我热心，夸我是个乖孩子，不就是想让我给她带路吗？这套路我熟得很！”

听到球球的话，爸爸妈妈面面相觑，问道：“这话怎么说的，好像你经验丰富似的？”

球球像大人似的叹了口气，看着爸爸妈妈说道：“这不就是你们的套路吗？爸爸天天夸我羽毛球打得好，是天生的运动员，实际上不就是想哄我多去打羽毛球，锻炼身体吗；妈妈天天夸我菜洗得干净，有做厨师的天赋，不就是想让我去帮忙做家务吗……唉，大人套路真深！”

在生活中，糖衣炮弹总是让人防不胜防。每个人都喜欢听夸奖的话，尤其是处于青春期的男孩们，正处于一个寻求认同的阶段，有着较强的自尊心，渴望得到别人的夸奖与肯定。在这样的情况下，面对夸奖和赞美，他们往往就容易降低警惕性，坠入别人的“陷阱”。

当然，如果这些赞美的背后只是一些充满善意的小心思，比如像球球的爸爸妈妈那样，希望通过以夸奖的方式来激励球球做更多对其自身有益的事情，那当然没什么关系。但如果是带着阴谋和恶意的夸赞，一旦男孩们降低警惕性，就可能会因此受到伤害。

所以，在男孩的成长过程中，需要教会他分辨是非善恶，不要只看对方做得好看不好看、只听对方说得好听不好听。男孩们要记住，在面对来自别人的夸奖时，要仔细分辨这种夸奖，读懂它背后的真实意图，千万不要因为一时的愉悦而让自己陷于危险之中。

第五章

学会自我控制，你才是情绪的主人

一个情绪不稳定、不能自我控制的男孩，很难变得内心强大、勇敢和坚定，也很难改掉坏习惯和养成好习惯。这样一来，一旦遇到什么困难、危险和伤害，又怎么能勇敢面对、自如应对呢？所以，对于男孩来说，情绪稳定真的很重要。

远离嫉妒，化攀比为动力

现在很多男孩都有明显的嫉妒心理，他们一旦看到别人的表现比自己好，看到别人得到老师的表扬，就会产生嫉妒心理，甚至有不满或怨恨的情绪。

陈天上初中二年级，学习成绩中等，但是体育成绩非常好，篮球、足球都很擅长。每次学校举行运动会，他都是赛场上“最靓的仔”，为班级争荣誉，受同学们欢迎和追捧。每次轮到他们班负责升国旗时，他都是升旗手的首要人选。

可是，这一次运动会，班主任和班委会却提出让另一个同学李琦当升旗手。这下陈天心理不平衡了。他找到班主任询问：“每次都是选我当升旗手，这一次为什么换成别人？！”

班主任安慰他说：“陈天，你表现得很不错！可这是一份荣誉，每个同学都应该有参加的机会，我们应该给其他同学表现的机会，对吧？而且，李琦同学在区里科技创新比赛中拿到了奖，让他当升旗手，并在国旗下进行演讲，可以更好地激励同学们！”

看班主任主意已定，陈天很是不满，心想：“不就是一个破比赛嘛！有什么了不起！”陈天越想越气愤，越想越不甘心，在嫉妒心的驱使下竟然加害李琦——李琦下楼梯时，陈天故意伸脚绊了他一下，导致李琦摔下楼梯，手臂骨折，脸部、腿部多处擦伤。

陈天的父母接到班主任电话，立即赶到学校，听到自家孩子竟然故意绊倒同学，愣了半晌才反应过来。他们没想到孩子的嫉妒心和报复心竟然这样重，不仅对陈天进行了严厉批评，还带着陈天给李琦和李琦的父母真诚地道歉。陈天的父母还积极对李琦治疗的费用进行了赔偿。之后，他们教导陈天要树立正确的竞争意识，在看到对方胜过自己时，不能心生嫉妒、憎恨对方，更不能做出不择手段、不讲游戏规则的行为。在父母的教育下，陈天认识到了自己的错误，调整了心态，也真正获得了成长。

嫉妒是一种消极的情绪。虽然嫉妒是人的本能，每个人都会有嫉妒心理，但是如果这种心理长期存在于男孩内心，并且不断加深，就会演变成一种病态心理，成为一种扭曲的情感。

男孩之所以产生嫉妒，是因为他的心智还不成熟，不能正确地评价自己和他人，没有正确的竞争意识。所以，他心胸狭窄，不喜欢或不能接受别人比自己强，甚至会排挤比自己优秀的人，利用不光彩的手段来获得胜利。

男孩要想健康成长，就需要成为情绪的主人，克服和消除不良情绪。这就要求父母在教育过程中，要让男孩形成正确的自我认识，知晓自己的长处，也看到自己的不足。如果男孩有嫉妒心，父母要悉心引导，引导其树立正确的竞争意识，让他明白可以要强，但嫉妒不是要强，用不正当、不光彩的手段去获取胜利更不是要强，进而把孩子的嫉妒心、好强心引向积极的方向。

当嫉妒、攀比被化为动力，男孩就可以学习他人的长处，通过自己的努力超越别人、战胜自己，心胸也自然变得开阔了。

小心堆积在心底的不良情绪

这些天，宁宁总是一副愁眉苦脸、忧心忡忡的样子。宁宁的妈妈知道儿子正处于青春期，会有心事、会格外敏感，于是决定在周末大家都比较放松的时候找宁宁好好交流交流。

妈妈关切地询问："孩子，我看你这几天总是闷闷不乐的样子，做什么事情都提不起兴趣，是不是遇到什么问题了啊？"

一开始宁宁摇头否认，坚称没事。妈妈没有放弃，而是耐心地引导："孩子，不良情绪堆积在心里，可是非常可怕的。要是有什么不开心的事情就说出来，要知道，倾诉也是解决问题、释放情绪的好方法呀！把烦恼倾诉出来，或许结果就不一样了！"

原来宁宁最近很担心，怕自己不能入选校篮球队。前段时间校篮球队要招纳队员，喜欢篮球的宁宁也参加了选拔，一开始他并没有勇气参加，因为报名的人实在太多了，优秀的竞争者也不少。后来在同学的鼓励下，宁宁还是决定去尝试一下，这之后便开始担心，既希望结果快些出来，又怕结果不如人意。

宁宁说："下周一，选拔结果就出来了。我很担心也很焦虑。越是时间临近，这种感觉就越强烈。学习也提不起精神，睡觉也睡不好……”

妈妈听了这话，鼓励他说：“傻孩子，事情已经发生，你担心又有什么用呢？我来问你，你参加选拔的时候是不是已经尽了自己最大的努力？”宁宁点了点头。“你担心，结果就能改变吗？”宁宁摇摇头。

妈妈继续说：“既然你已经尽了最大努力，那么无论结果如何，都应该乐观地去接受。这有什么可担心的？既然事情已经过去了，你又不能改变结果，担心又只是给自己增加压力，那为什么还要担心呢？”之后妈妈教给宁宁几个消除担心的方法，引导他把消极的、不良的情绪都赶走。慢慢地，宁宁也变得积极乐观起来，坦然地等待结果。

人的情绪主要有两大类，即正面的和负面的，也可以说是积极的和消极的。积极的情绪可以让男孩更容易获得快乐，更容易取得好的成绩。相反，负面的情绪则容易让男孩失控，分散他的精力，耗费他的能力，还可能导致其身心健康受损。因此，父母要让男孩从小就保持情绪健康，学会正确地释放和调节不良情绪，进而避免将不良情绪堆积在心底。

不良情绪包括悲伤、恐惧、担心、忧虑、焦虑、嫉妒、愤怒等，对于心智尚不完善的男孩来说，这些情绪足以影响他的心态、行为，影响其精神状态，让其学习和生活都处于一种糟糕的状态。如果男孩被情绪困扰或控制，想要摆脱却无法摆脱，那么不良情绪就会在其内心中积压过多，产生一系列不良后果。因此，这就需要父母培养男孩认知、表达和控制情绪的能力，给予男孩及时而正确的疏导和教育，让他学会调整情绪、释放情绪，进而让他的内心强大起来。

当男孩有了强大的内心，学会调节和控制情绪，那他在受到不良情绪侵扰时就能及时而正确地感知自我情绪，进而逐渐保持情绪的稳定和内心的冷静，而不是沉浸其中。比如在担心时，可以调动积极的情绪因子，转移注意力，用积极乐观把担心赶走；在恐惧时，可以及时地自我接纳和自我激励，让自己越发勇敢起来，表现出男子汉的力量。

坏脾气来袭，男孩应该怎么办？

“妈妈，我的白色运动衣在哪里？”方锐大声说道。

妈妈回答道：“哪件白色运动衣？是你昨天穿的那件吗？我已经给你洗了！”

方锐跑到阳台上，发现运动衣还没全干，愤怒的情绪一下就爆发了，大声喊道：“你怎么给我洗了？我今天还穿呢？！”

妈妈走到阳台，说：“昨天我看你随手扔在沙发上，就给你洗了！你穿其他运动衣不就好了！”

方锐大声喊道：“这是我们的队服，我还要穿着它参加篮球比赛呢！我又没说让你洗，你随便洗什么？现在怎么办，我怎么参加比赛……”

方锐发着脾气，拿着没干透的衣服出了门。妈妈无奈地说：“我怎么知道你今天还要穿呢？我给你洗衣服，难道还错了？这孩子现在怎么总是乱发脾气，动不动就大喊大叫，动不动就生气？”

是的，方锐现在脾气很大，和父母说话嗓门儿很大，稍有一点儿不顺心就会大喊大叫，甚至还会摔东西。不仅在家里，在学校也是如此。和同学们一起打篮球，只因为同伴传错了球，他就发起火来，指责人家：“你眼睛长在哪里了？没看见我来补位了吗？”对手不小心踩了他的脚，他立即火冒三丈地推搡人家，还和裁判大声嚷嚷……结果，同伴们都开始躲着他，就算有比赛也不愿意喊他。

他和同学讨论问题，同学只是纠正他的观点，说他“方法不对”，他瞬间就来了脾气，和同学大喊：“就你的方法对，行了吧？你厉害，我是笨蛋！”弄得同学十分尴尬，愣在那里不知道说什么好。

方锐的妈妈知道，如果继续放任下去，不对方锐进行合理引导和教育，恐怕孩子很难有良好的人际关系，也很难变得更加优秀。当然，她也知道，压制、堵塞并不是好办法，毕竟孩子已经13岁，处于青春期。

于是，妈妈尝试着平和地与孩子沟通，并对他说：“你知不知道你最近脾气很坏？你一生气就骂人，你一不满意就发脾气，不顾一切地把怒火发到别人身上。”

方锐想了想，说：“我的脾气是有些不好。不过，那都是有原因的。”

妈妈继续说：“是的。我知道那都是有原因的。但是，你需要知道，控制不住坏脾气，后果真的很严重。你没发现同伴们都疏远你了吗？同学们都不愿意和你交流了吗？如果你不能戒掉坏脾气，很快就会成为‘孤家寡人’，因为没人愿意和坏脾气的人来往……”

经过交谈，方锐认识到自己的问题，也尝试着改变……

坏脾气会赶走你身边的人。你的坏脾气不仅会伤害别人，也会伤害到自己。父母应该知道，男孩发脾气，很多时候都是事出有因，所以需要接受孩子的情绪，引导孩子的情绪。但更重要的是，需要让男孩知道：你可以有脾气，但是不能乱发脾气；当坏脾气来袭，最好是控制好它。

一个男孩的成长，包括了身体的成长、智力的成长，也包括情绪管理能力的提高和心智的成熟。作为父母，要做的就是教孩子学会正视自己，学会控制情绪和释放情绪。方锐妈妈教了方锐几个方法：想发脾气时，深呼吸，然后数 10 个数，或者对自己说“放松，不要生气，不要生气”；离开一会儿，让自己单独待一会儿；转移注意力，或是转变思维，让紧张的情绪松弛下来。方锐尝试过后，发现这些方法的效果都很不错。

坏脾气是男孩成长道路上的绊脚石，因此要引导孩子不断成长，让其学会情绪管理，成为情绪的主人。

情绪化，很不可取

那些自我意识强、自我控制能力比较差的男孩，很容易情绪化。因为一句话，他高兴得不得了，又因为一句话，他又发起脾气来；因为要求没被满足，他突然就生气了；因为遇到困难了，他又情绪低落了好几天。一个男孩若是太情绪化了，不能保持情绪稳定，就不会被人喜欢和接受，学习和生活也会是一塌糊涂。

男孩李飞非常情绪化。不管是在家里还是在学校，他的情绪都是说爆发就爆发。李飞写家庭作业时，精神不集中，手里拿着笔，但思想早已经飞入“外太空”，半天也完不成一道题。妈妈发现之后，只是批评他不认真写作业，就让他来了情绪，赌起了气，坐在那里一言不发。妈妈说了多少句，他也不出声，也不动手写作业。后来，妈妈来叫他吃晚饭，他依旧坐在那里，不理睬任何人。然而没过一会儿，李飞的情绪就好了，不仅积极完成作业，还向妈妈道歉。妈妈批评他，他也笑嘻嘻地说:“对不起，妈妈，我错了！你不要生气了。”

李飞很喜欢看篮球比赛，尤其喜欢看 NBA（美国职业篮球联赛），一看上篮球就什么也不顾了。一次，李飞正在看喜欢的球队比赛，妈妈叫他帮忙做一些事情，看他没听见就大声叫了几次。谁知他立即发起了脾气，大声喊道："哎呀，你没看我正忙呢！叫什么叫！"妈妈好言相劝，他不但不改正，反而更生气了。

在学校也是如此。一次学校组织篮球比赛，老师让体育委员选择打篮球好的人选，李飞被选中了，他立即高兴得欢呼起来。可是当听到自己不是首发时，立即又暴跳如雷，大声喊道："为什么没有我？××打球比我好吗？××的技术也不行呀！"

体育委员耐心解释："李飞，你先不要着急。我是有考虑的，我们需要制定战术……"

话还没说完，李飞便气呼呼地说："哼，什么战术？你就是什么也不懂！拿着鸡毛当令箭！这比赛我还不参加了，之后有你们后悔的！"说完就跑出了教室。

虽然李飞的父母也时常教育他，引导他控制自己的情绪，可是效果却一直不好。看到儿子这样情绪化，李飞父母很无奈，但也始终没有什么好办法。说到底，李飞就是太以自我为中心了，心理承受能力非常差，所以才不懂得如何自我控制情绪，反而被情绪左右。

情绪管理，是父母必须给男孩上的一节课。男孩在成长过程中，往往会经历这样一个时期，他们的自我意识已经觉醒，产生了强烈的表现欲望，但是缺乏适应环境的思考能力、感受能力和行动能力。这样一来，男孩便容易情绪化，情绪很容易受到外界因素的影响，这个时候，父母千万不能听之任之，否则男孩便会成长为情绪化严重、性格有缺陷的人。

男孩想要变得强大，想要保护自己，就需要保持情绪稳定。而情绪稳定是可以练习的，父母需要引导男孩去积极练习，比如练习调节认知，若是时常因为一点小事而情绪失控，那就可以把这个小事当作一个想要控制男孩的人，男孩需要做的是和他沟通，接受他、理解他、包容他。除此之外，还可以进行以下训练，自我暗示、转移注意力、有意识地放慢说话的速度、进行有氧运动等等。

教会男孩控制好自己的情绪，时刻提醒自己不被情绪支配，然后努力用积极情绪来代替消极情绪，这样一来，便可以慢慢地避免情绪化。

从容面对失败，坦然接受缺点

学校举行“我爱记单词”比赛，读五年级的大飞报名了，并且坦言想拿冠军。那段时间，大飞很用功，早上也比平时早起半个小时，放学后也不在公园里玩了，周末也不喊着爸爸带自己去打球了。他手里总拿着一个单词本，把需要掌握的单词记下来，然后利用所有的零碎时间来记单词。

大飞的努力也得到了回报，在很短的时间内，他的单词积累量就有了一个很大的提升。经过在班级里与同学们的比赛，大飞以班级第一名的资格拿到了参赛名额。之后就是学校的比赛，大飞需要参加初赛、复赛，最后才能参加决赛，争夺冠军。

凭借着雄厚的实力，大飞一路过关斩将，成功挺进了决赛。但是，厉害的人太多了，一些学霸级学生本就有天赋，再加上后天的努力，实力自然不可小觑。大飞在决赛第二轮被淘汰了，获得了第四名。

对于大飞的成绩，老师和家长是很满意的，觉得他给班级争了光，也展现出了自己的实力。但是大飞却接受不了，虽然“男子汉有泪不轻弹”，但是他眼里噙着泪，低着头，神情很失落。他对父母说，如果再给他一点时间，他肯定能拿到冠军。他对老师说，自己辜负了老师和同学们的信任，要是自己再努力一些，就不会让大家失望了。

比赛已经结束了，大飞仍沉浸在懊恼里。看到大飞这样，父母觉得有必要和大飞好好谈谈，把他从失败的阴影中拉出来。周五晚上，父母把大飞喊了出来，主动提起了这场比赛，并且询问他如何看待自己的成绩。

大飞神情更暗淡了，一句话也没有说。妈妈告诉他："孩子，我觉得你非常棒，通过自己的努力，拿到了第四名的好成绩。"说完，妈妈停顿了一会儿，继续说："我知道，你因为被淘汰而伤心难过，这很正常。毕竟谁都想拿冠军，谁都不想失败。但是既然已经失败，你就需要坦然接受，勇敢面对。"

大飞抬起头来，看着妈妈，脸上有些疑惑。这时，爸爸笑着说："是的，孩子。失败没什么，身上有缺点也没什么。我们需要做的是接受自己的失败和缺点，也看到自己的成绩和优点，然后继续努力，争取做得更好，在下一次取得成功。"

在父母的开导和鼓励之下，大飞终于不再执拗于自己的失败，而是坦然接受，重新起航。之后不管做什么事情，他都有一颗坚毅的心，有积极的、乐观的情绪。

在教育男孩时，父母要教会他如何成功，更要教会他如何面对失败，提升其逆商。如果父母只是教会他成功，让他长期处于顺境中，那么男孩的心灵就会脆弱，变得输不起，更无法接受自己身上的缺点。

与男孩沟通时，父母不应该只给他灌输"你要赢""你要完美"的思想，否则男孩就会输不起，承受不起挫折。在男孩因为失败或是输掉比赛而情绪低落时，也不应该给予评价性的语言："你就是输不起！……一点挫折都经不起，算什么男子汉！"应该接受他的情绪，告诉他："我知道你很沮丧，但是我觉得你做得很棒！……不管你是成功还是失败，我都为你骄傲！……你坚持下来了，这就是胜利！这就是可贵的品质！"

不让男孩只关注成功与否，不让男孩只关注缺点，而是引导他付出努力，抱着积极的心态去面对、去解决问题，这样男孩就离成功和成长不远了。

可以有愤怒的情绪，但需及时降温

晨晨的妈妈看到这样一则新闻：一个 14 岁的男孩正在睡觉，此时妈妈来到房间喊他起床，并且掀开了他的被子。在被妈妈强制叫醒后，男孩非常愤怒，与妈妈争吵起来，之后竟然情绪失控地从阳台一跃而下……

晨晨的妈妈惊呆了，不明白新闻中的男孩为什么这么愤怒，不明白他为什么会有这样过激的情绪。同时，妈妈也担心晨晨，因为这孩子也很容易发怒。晨晨正在玩游戏，妈妈叫他吃饭，见他没任何反应便把手机拿开了，结果他就大发脾气，像火山爆发似的异常暴躁；同学不小心惹到他，他就朝着人家大喊大叫，甚至还大声责骂。

一个周末，晨晨参加学校组织的足球比赛，作为前锋的他自然十分积极，不断地往前冲，试图冲破对方的防线。足球比赛，双方拼抢很激烈，也难免会发生冲撞、铲球失误等情况。晨晨带球向前冲时，对方防守队员一个铲球动作就把晨晨铲倒了。很明显，这不属于犯规，裁判也没有判罚。然而，晨晨却异常愤怒，不仅狠狠地推了对方一下，还与裁判起了冲突，指责裁判判断失误。

尽管晨晨的队友和教练都来劝晨晨，但是他还是不能控制自己愤怒的情绪，他和裁判争吵起来，不断指责裁判。很快，晨晨得到一个红牌，被罚下了。这下，晨晨更愤怒了，竟然直接冲向裁判，想要和裁判动手，幸好被队友拦了下来才没有造成恶劣的后果。

比赛还没结束，晨晨便气急败坏地离开了。路上，父母劝说他应该控制好情绪，不应该任由愤怒的情绪肆意发作，可晨晨似乎没意识到自己的错误，又对着父母大吵大叫起来。

这时候，妈妈意识到：如果不让晨晨学会控制易怒的情绪，那么就很可能会引起严重的不良后果。于是，妈妈尝试和晨晨沟通，让他知晓愤怒的危险，引导他正确地发泄内心的愤怒。她时常对晨晨说："我允许你发泄愤怒，但是必须有底线。不可以有过激行为，不可以伤害别人和自己，努力学着让自己降温！"慢慢地，晨晨改变了。

在成长过程中，男孩不可避免地会产生愤怒的情绪。处于愤怒中的男孩，犹如火山爆发，很可能会失去理智，甚至变得不可理喻，害人害己。但愤怒是可以被控制的，只要提升男孩的自控力，让他用正确合理的方式把内心的愤怒释放出来，那么他的情绪就不会像火山一样爆发了。

父母需要让男孩明白，愤怒是需要付出高昂的代价的，于人于己都没有任何好处。学会给自己的愤怒情绪降温，比如愤怒时尝试着深呼吸，或是从 1 数到 20，就可以适度地控制自己的情绪；愤怒时用打沙袋、奔跑、游泳等运动来发泄，慢慢地愤怒就会越来越少，心态也会变得越来越平和。

告诉男孩，发泄情绪是正常的，是缓解内心压力的一种方式。但是，随心所欲地发泄愤怒的情绪，不能控制自己，就是不理智和不成熟的行为。男孩要想变得成熟，就需要对自己的行为有所限制，遵守规矩，要提高自己的情商，学会给自己的愤怒情绪降温。有所克制，之后才是自我控制，再之后才是自我完善。唯有如此，才能成为成熟、高情商的男子汉。

不赶走自卑，如何自信？

峰峰学习不错，考试总能排在班级前几名，作业也总能受到各科老师表扬。但是，峰峰却不够自信，总觉得自己不优秀，和其他同学比有差距。尤其是因为一次意外，峰峰的左腿骨折了，他不得不在家休养了一个月。康复之后，在学习上便有些跟不上，名次也下滑了许多。于是，峰峰更不自信了，情绪也非常低落。

课堂上，峰峰不再积极努力，听课时总是走神，完成作业也不再那么积极。越是这样，峰峰的成绩就越往下滑，而成绩越往下滑，他也就越不自信。每次考试前，这种情绪更明显，总是紧张、恐惧，而且内心焦虑不已。在考试过程中，他更是精神紧绷，很多会做的题目也做不出来，完全不能发挥正常水平。

虽然妈妈多次鼓励峰峰，说他平时做得很好，只要努力些、自信些，就可以把成绩提升上去。但是，这好像没什么效果。在不自信心理的影响下，峰峰的成绩直线下滑，而且对学习感到厌倦和害怕，产生了厌学和恐学的情绪。峰峰的父母看在眼里，急在心上，不知道该如何让峰峰消除自卑和焦虑的情绪，变得自信和勇敢起来。

在男孩的成长过程中，自信的作用是巨大的。从某种意义上来说，自信是男孩健康成长、走向成功的必要条件。一个自信的男孩，才能产生积极、乐观的情绪，才能成为情绪的主人，才能敢于尝试和挑战，真正地保护好自己。相反，一个不自信的男孩，总会觉得自己事事不如他人，在任何事情面前都畏缩、犹豫、恐惧，尤其在遇到挫折、困难和危险时，更是畏首畏尾，没有勇气和胆量，无法保护自己。

男孩与女孩不同，他们的自尊心更强，自我意识更强。之所以会不自信，是因为他们把视线集中在缺点、失败之上，纠结于自己的失败。这个时候，父母应该让男孩转移视线，比如告诉他“你的总体成绩下降了，但是英语成绩却提升了 15 分”，告诉他“孩子，同学们都很关心你，都在帮助你补课，希望你能跟上来。你可以抓住这个机会……”等。当男孩的视线转移了，发现父母说得没错时，不自信的情绪自然就一扫而光了。

更为重要的是，要让男孩避免说一些消极的语言，诸如“我不行”“我成绩又下降了”“我考不好”之类的语言。这些消极的语言有着很强的心理暗示效应，说得越多，暗示就越强烈，不自信的情绪也越会弥漫在自己内心。

父母应该引导男孩树立一个自信、积极的形象，让他明白不管自己长得好看不好看，家庭条件是好是坏，学习成绩是理想还是不理想，自己都有与众不同之处。没有人是十全十美的，也没有人永远都优秀，认识到自己与完美的差距，认识到自己的不足，然后接受自己的不完美，努力改变自己、完善自己，感受到改变之后的喜悦，便可以慢慢地消除不自信。

男孩，别骄傲自大了

郝明是个聪明优秀的男孩，家庭条件很优越，爸爸是一家知名公司的经理，妈妈是一家培训机构的老师。在学校里，他的成绩很优秀，每次考试都名列前茅。他还精通绘画、钢琴。良好的家庭环境，再加上优秀的学习成绩，让郝明产生了骄傲自大的情绪，而且这种情绪一天比一天强烈。

郝明在学校很高调，每次谈到自己的成绩，总是眉飞色舞，自我感觉良好，尤其在成绩不好的同学面前，往往摆出一副“我就是比你优秀”“你怎么那么笨”的模样。与同学聊天，总喜欢把话题扯到自己身上，然后自我夸耀一番；与同学讨论问题，总提高声调反驳对方，感觉“自己说的都是对的，别人说的都是错的”，非要别人听从自己的意见才肯罢休。

班里有一个同学来自农村，家庭条件很不好，好不容易才考入这所中学。郝明故意和这个同学聊天，询问他之前的学校环境如何，然后炫耀说：“我一直以为所有学校都像我们学校这样，原来你们学校那么破，真是苦了你了。”这个同学虽然学习很努力，但是成绩却提升不大，他竟然在一旁讽刺挖苦说：“有的人天生聪明，很轻松就能拿到好成绩，而有的人就是天生愚笨，努力半天也就考那么点分。不得不承认，天赋是最重要的！”

因为骄傲自大，瞧不起别人，郝明在班级里并不受欢迎。可是他却一无所知，认为所有人都“仰望”着自己。但是，这一次班干部选举让他尝到了苦头。当老师提议重选班干部时，他第一个报名参选班长，并且慷慨激昂地发表了竞选演说。回到家之后，他自信满满地对妈妈说：“我一定能高票中选，因为我是班级里最优秀的，没人能和我竞争！”结果，他落选了，而且得票数最少。

这个结果，让郝明难以置信，大呼“唱错票了”。直到一个同学说：“你太骄傲自大了，自认为比别人强，不把任何人放在眼里，不友好地对待同学。同学们为什么要选你？！”此时，郝明才如同斗败的公鸡一样低下了头。

男孩进入青春期，由于对自身没有形成正确的认知，通常会高估了自己，进而产生骄傲自大的情绪。他们大多生活在自己的世界里，目空一切，眼里只有自己，而这也让他与外界之间筑起了一道无形的墙。于是，男孩只看到自己的优秀，因为学习成绩好而沾沾自喜，不把任何人放在眼里，看不到自己的不足，更看不到别人的优秀。

而骄傲自大是一种不良情绪，如果男孩没有及时引导，及时调整和消除这种情绪，就很容易跌入失败的深渊。习惯了骄傲，就会慢慢地变得“迷之自信”，之后将无法面对失败。一旦失败，他恐怕就再也站不起来了。

因此，父母需要给予男孩及时的引导和教育，教会他正确认识自己、客观地评价自己，并且多帮助其树立谦虚、低调的观念，让男孩慢慢地消除骄傲自大的情绪。同时，要让男孩把眼光放长远一些，不只局限于本班级、本学校。要知道，一个人如果把眼光只局限于一个小的空间，就很容易满足，很容易滋生骄傲自大的情绪，被一些小成绩所迷惑。

父母应该告诉男孩：你很优秀，但是你在未来还会碰上更优秀的人，你与人家的差距可能还很大。父母应该帮助并引导男孩树立远大的目标，与更强的竞争者竞争，便可以压一压他那翘起来的“尾巴”，同时激励他继续努力进取，如此一来男孩就会变得更优秀更强大。

谁说男孩不能哭

男孩，是否意味着不能哭？是否意味着必须勇敢、大胆、坚强？当然不是。哭是最直接的情绪释放的方式。受了委屈，失败了，感到恐惧，只有痛快地哭一场，不良情绪才能释放出来，积极情绪才能重新回到自己身上。相反，伪装自己的情绪，表面上装作无所谓，或是表现出开心愉快的样子，这样不良情绪就会郁结于心。如果长时间内心压抑，男孩就很可能因此而陷入情绪低谷，整个人越来越焦虑、茫然，甚至可能患抑郁症。

大维是个“积极乐观”的男生。父母在他小时候就教育他“你是男孩，应该坚强”，告诉他“你要学着做一个男子汉，男子汉是不会轻易哭的”，提醒他“你是男孩，哭唧唧的很丢人哦”……于是，大维从小到大很少哭，就算受了委屈，也是把委屈压在心里，笑着说“没关系”；就算受了伤，疼得不得了，他也不会让眼泪流下来；就算情绪很低落，他也只是一个人安静地待着，出了自己的房门就面带微笑……

一开始，他还只是掩饰委屈，不在人面前流泪，慢慢地他开始掩饰所有的情绪，如愤怒、紧张、失望、高兴、兴奋等。他不会让自己的真实情绪外露，表现出来的情绪很是稳定，可只有他知道自己一直忍受着抑郁的折磨，在微笑时内心压抑不已，而且坏情绪郁结在内心的时间越来越长，直接影响了自己的饮食、睡眠和学习。

前段时间，大维的姥姥病重，妈妈很伤心，每天都以泪洗面。大维也非常伤心，因为他从小是跟着姥姥长大的，也是最受姥姥疼爱的孩子，他内心非常恐惧和担心，担心姥姥会离开自己。夜里，他睡不着觉，辗转反侧，好不容易睡着了，梦里也是姥姥离世的情形，然后他在梦里哭着哭着就醒来了。

然而，当妈妈和大维谈起这个问题，他却把真实情绪隐藏了，笑着安慰起妈妈来。后来，姥姥去世了，大维并没有表现出过于悲伤的情绪，内心却痛苦不已。悲伤的情绪在他内心蔓延，他想要倾诉，想要大哭一场，却不知道向谁诉说，更不知道如何发泄。他感觉自己生活在黑暗里，看不到光明和希望，最后大维再也承受不住了，竟然开始自残……

男孩需要控制情绪，但不是伪装情绪，消灭情绪。每一种情绪都有理由存在，遇到好事就高兴，遇到不好的事就伤心，被冒犯了就愤怒，受了委屈就伤心……所以，父母需要引导男孩控制情绪，不能情绪化，而不是阻止他释放情绪，更不是消灭他的情绪。一旦情绪不能积极地表达和释放出来，男孩就会越来越封闭、抑郁和压抑。

而从某种意义上来说，压抑情绪，就是对自我的否定。这样的后果是男孩不再相信内心的感受，无法看到甚至是压抑真实的自己，促使自己的内心越来越匮乏。男孩压抑了负面情绪，慢慢地也将无法感知和表达快乐、满足等正面情绪，很可能成为“情绪盲”，将来不能表达和控制自己的情绪，更无法感受和接受他人的情绪，很难与他人建立良好的感情，更难以获得幸福。

在男孩的成长过程中，父母应该给予其正确的教育和引导，不要错误地认为男孩就不应该哭，更不能错误地阻止他表达自己的情绪。让男孩认识和接纳自己的情绪，想笑时就大声地笑，想哭时就肆无忌惮地哭，正确而适当地表达和释放情绪，并学着控制情绪，如此男孩才能内心强大，且真正积极乐观。

第六章

分清虚幻与现实，别在网络世界中迷失

游戏充值、网贷、打赏主播、网络交友、网络色情……这些都腐蚀着男孩，让一些男孩荒废学业、身心健康受到严重伤害，甚至走上了违法犯罪的道路。因此，一定要让男孩有节制地上网，并树立正确的世界观、价值观和人生观，避免在网络世界中迷失和堕落。

网络对面，是天使还是恶魔？

受疫情影响，很多学校不能进行线下授课，于是孩子们在家里上起了网课。在教室里，有老师的严格管理，孩子们还能认真听课、完成作业，可在上网课时，就不会有老师来管理和监督，不自律的孩子们就开始放飞自我了。

齐齐是个六年级的学生，平时学习成绩还算不错，但是自律性并不强，一旦没有老师和父母的监督，成绩就下降很快。最近上网课，齐齐不仅听课不认真，作业完成度不高，还迷上了玩游戏。每天不好好上课，心里总想着杀怪、抢装备、虐对手，一下课就拿起手机玩起来，有时还在课堂上玩——反正老师也看不见。

后来齐齐在网上认识了一个队友，对方是个游戏高手。他在游戏里的角色战斗力强，装备也高级。在这个队友的带领下，齐齐不“菜”了，他也为自己的游戏角色买了很多装备，也升了很多级。齐齐非常高兴，对这个队友简直佩服得五体投地。两人还加了微信好友，时不时地聊天、玩游戏。

一天，齐齐正在上网课，那个队友发来一条消息，说可以看比赛视频领福利，福利里有很多免费的装备。齐齐毫不犹豫地打开了，没想到那个队友又发来了信息，说因为齐齐是未成年，导致自己的账户被冻结了，必须拿家长的手机帮他解锁。就这样，在那个队友的步步诱导下，齐齐偷偷拿着爸爸的手机完成了“解锁”操作，结果导致爸爸手机账户里近 2 万元被骗走。

爸爸发现后，齐齐再联系那个队友，可对方早已经把他拉黑，再也没有出现过。齐齐深受打击，没想到自己信任的“好朋友”竟然是个骗子，当初陪自己打游戏、和自己聊天就是为了骗钱。虽然父母没有严厉训斥他，只是希望他能提高警惕，不要轻易相信网络上的陌生人，但是他也很自责、内疚，因为自己害得爸爸损失了那么多钱，而自己还因为沉迷游戏而导致成绩一落千丈。

网络已经侵入男孩的生活，包括各种游戏、视频、图文等不良信息以及形形色色的陌生人。男孩没有成熟的思想，没有辨别是非、好坏的能力，往往很容易被欺骗，落入坏人的陷阱之中。对于这种情况，父母一定要重视，教会他识别网络对面究竟是天使还是恶魔。

网络是虚拟的、神秘的，男孩根本不知道对面的人长什么样，是好人还是坏人，但是父母要告诉男孩：如果让你用父母的手机转钱、充值，就一定要警惕；对方让你拿大人手机操作，若需要你告诉他支付密码、验证码，你就一定要拒绝；对方给你发信息，然后让你按照信息里的电话打去询问，就一定不要理睬。

要告诉男孩，不要听到对方说告诉学校、老师就老老实实地按照他说的去做。很多人就是利用中小学生不谙世事、惧怕权威的特点设下骗局。做错事不要紧，不惊慌、不擅自做决定，找父母帮忙或是主动报警，只有这样才能避免一步步栽进不法之徒设好的圈套里。同时，不要随便加陌生人的微信，不要把个人信息和家庭信息透露出去，不要随便与陌生人进行视频聊天，更不要私下与所谓的“网友”见面。网络对面，你不知道他是天使还是恶魔，只有保持“神秘感”和警惕性才能更好地保护自己。

校园网贷陷阱，千万要远离

近年来，校园网贷让一个个无辜的学生深陷其中，也酿成了一个又一个悲剧。很多父母认为校园网贷的受害者是大学生，这样的事情离中学生很远。可实际上，网贷也入侵到了中学校园，侵蚀着未成年人的心灵。

前几天，王建妈妈接到一个电话，对方说自己是某借贷平台的，说她的儿子王建在该平台贷了款，目前贷款已还不上了，本金加利息已经累计 5 万多元。如果家长不替孩子还款，他们将会告知学校，到时候王建的学业就会受到影响。

王建妈妈以为是电信诈骗，大声反驳道："我家孩子刚上高一，怎么会在你们平台贷款？！"之后，没听对方说完就把电话挂掉了。没过一会儿，电话又打过来，这一次对方态度非常强硬，说自己说的是事实，如果王建妈妈不相信，可以询问自己家孩子，还说如果这个月底再不还款，他们一定会在学校内散布相关信息。

王建妈妈这才将信将疑地询问了王建，一开始王建矢口否认，可在妈妈的严厉目光下，还是说了实话。原来，王建前段时间想要个新手机，但是妈妈怕他因为玩游戏耽误学习就没答应。他很失落，也很不甘心，在一个偶然的机会听说只要一张学生证，就能在网络平台上贷到款，于是就贷了 5000 元，买了新手机，平时都是偷偷使用。

原本他想着每月多向父母要一些生活费，再加上自己之前攒的钱，过不了两三个月就可以还清贷款。可没想到，这贷款就像滚雪球一样，越滚越大，并且滚得非常快。作为一个没收入的高中生，他根本还不清贷款，结果贷款拖了一天又一天，利息越滚越多，早已经超过了本金。

最后，王建哭着说："妈，我真的很后悔！要不是我自作主张去贷款，就不会有这样的麻烦。我现在无心学习，更怕他们真的告知学校，要是耽误高考，那就……"

看孩子这样，王建妈妈也没再责怪他，和王建爸爸商量之后就立即报警了，希望警方能调查这些为中学生提供不良网贷的平台。

随着互联网金融的飞速发展，专门针对大学生甚至中学生的校园网贷也呈爆发式的增长。在一些男孩看来，网贷很方便，不需要担保，只需学生证，就可以贷出数千元甚至上万元，来满足自己购买手机、品牌衣服的需求，何乐而不为？可事实上，这些平台唯利是图，就是利用学生们的年少无知，把一些非法的行为进行包装，引诱学生们落入陷阱。男孩一旦陷入校园贷，再想脱身就困难了，很可能把自己和整个家庭都拖入深渊，更可能会毁掉自己美好的未来。

因此，不要觉得校园贷离自己的孩子很远，父母要从男孩小时候起就培养他的财商，帮他树立正确的消费观、金钱观，告诉他花钱要理性，不应该去攀比用昂贵的手机、电脑，不要攀比穿名牌、吃大餐。引导男孩学会自爱、自立、自律，应该把时间和精力用在知识学习和本领提高上，这样一来男孩就可以保持冷静，不会轻易被诱惑。

同时，父母应该对男孩进行互联网安全教育，让他学会识别校园网贷的陷阱，比如购物分期付款、校园贷助你完成学业、帮网贷平台刷单等。还需要告诉男孩，如果不小心陷入校园网贷的陷阱，不要怕家长责骂，要主动寻求家长的帮助；不要受坏人威胁，做一些伤害自己、伤害别人的事情，而是应该向警察求助。

在网络借贷平台乱象丛生的环境下，只有引导男孩树立正确的消费观、提高警惕性，才能让男孩真正认清网贷究竟是“馅饼”还是“陷阱”。

游戏虽精彩，也要分清虚幻和现实

张黎是个 13 岁的男孩，父母工作很忙，没时间照顾他，于是每年暑假都会把他送回奶奶家。今年暑假，张黎和表哥学会了玩游戏，一开始只是每天完成作业后玩一个小时，后来越来越上瘾。

因为缺少父母的监督和提醒，张黎每天起床第一件事就是拿起手机玩游戏，早饭都顾不上吃，父母给制订的学习计划也不按时完成，一玩就玩到晚上十一二点。暑假结束后，张黎回到父母身边，但是已经戒不掉游戏了。虽然父母多次批评他、训斥他，还把手机密码改掉，但是张黎仍偷偷摸摸地玩，甚至借口和同学上课外班，然后到网吧去打游戏。

张黎脑子里都是那款游戏，不仅严重影响学习，还分不清虚幻和现实。他平时会想象游戏中的情节，大声喊道："面对敌人，就应该拿起刀剑来反抗！"然后假装手中握着宝剑，"唰唰"地朝着空气砍去。在游戏里，装备升级后，张黎的游戏角色就可以"解锁"新技能，比如可以飞，可以刀枪不入，变得无比强大。于是，他就真的认为自己可以飞，尝试着从很高的台阶上往下跳。在游戏里，拳头可以解决一切问题，于是他以为现实中也是如此。与同学相处的时候，他变得暴力、野蛮，一言不合就动手，结果多次被老师批评，也被同学们疏远。

一个周末，张黎又偷偷到网吧玩游戏，从中午 12 点一直玩到下午 7 点。回到家之后自然受到严厉的批评，他当然不服气，与父母发生了激烈的争吵。一气之下，父母把他关进房间，让他好好反省反省。谁知道张黎竟然直接从楼上跳了下来，幸好只是二楼，没有生命危险。但是，张黎却受了伤，左腿骨折，踝骨骨折，肺部也有挫伤，在医院住了很长时间。

出院后，张黎说："我已经玩了好几个小时游戏，脑子里都是游戏里的情节，分不清游戏和现实了。和父母争吵之后，我越想越气，越气越想离家出走，于是便按照游戏里的情节跳了楼，以为即便从高处跳下来也不会受伤……"

一个十几岁的男孩，应该有这样的常识：从高处跳下来，肯定会受伤。但是张黎玩了太长时间游戏，不自觉地把虚幻和现实混淆了。这是很多沉迷于游戏的男孩容易发生的情形，而且游戏时间越长，强度越大，频率越高，就越容易发生。因此，在男孩的成长过程中，父母需要起到好的引导和教育作用，可以让男孩借助游戏来排解压力和烦恼，可以让男孩适当地娱乐，但是千万不能让男孩沉迷成瘾而没日没夜地玩游戏。

如果男孩无节制地玩游戏，对学习不感兴趣，或是成绩直线下滑，父母就需要重视起来，严格控制他的上网和游戏时间，引导他进行一些有益的活动和运动，激发他的其他兴趣爱好，鼓励他和同龄人沟通。如果发现男孩已经分不清游戏和现实，时常模仿游戏情节，或是遇到事情会用游戏里的方式来解决，那就必须把男孩从游戏中带离，并且应该明确告诉他游戏和现实是有根本区别的，若分不清虚幻和现实，就会伤害别人和自己。

更为重要的是，父母应该让男孩找到自我角色，了解他的内心想法，多关心、多沟通，而不是让男孩把情感都寄托在游戏上。当男孩把过多情感寄托在游戏上，就很容易被游戏所左右，因为游戏中的得失而心理失衡，做出伤害自己和别人的事情。

打游戏不等于电竞

大部分男孩都喜欢打游戏，初二男生常浩平日里就酷爱打游戏，而且沉迷其中。一开始，常浩还能按时上学，功课也跟得上。可慢慢地，他便无心学习了，白天在学校不好好学习，总想着游戏的事情，晚上到了家也不好好做功课，吃完饭之后便钻进屋子里玩游戏。父母说也说了，骂也骂了，但都无济于事。再后来，常浩甚至开始逃学，"一心扑在游戏上"，没日没夜地玩。

常浩父母很着急，语重心长地劝导他。常浩却不在意，甚至说要放弃学业，想要成为职业电竞选手。他理直气壮地说："爸妈，你们根本不了解。我想当电竞选手，电竞选手也是正当的职业，可以赚钱的。而且，电子竞技不久后会是奥运会项目，就和乒乓球、篮球、足球一样，前不久我们国家的 EDG 战队还在全球大赛上拿到了冠军……"

常浩父母无奈地说："你这是为玩游戏找借口。你要知道……"

没等父母说完，常浩就着急地说："我不是找借口，我就是为今后进入职业电竞战队做准备。只要成为职业电竞选手，打游戏也能赚大钱，也能有出息，之后也可以买房子和汽车。我不想学习，学习太难了，难道我就不能做自己喜欢做的事情吗？”

常浩父母也知道电竞比赛，也没有认为电竞就是不务正业。但他们更了解自己的孩子，他只是沉迷游戏，与为进入职业电竞战队做准备一点关系也没有，而且凭借他的水平也根本无法进入职业战队。为此，他们提出了几个问题：“浩浩，你说想要成为职业电竞选手，想要参加电竞比赛，可是你知道电竞和打游戏有什么区别吗？电竞选手和普通玩家又有什么差异呢？他们是如何进行训练、如何布置战术，又如何不断提升个人和团队战斗力的呢？你以为他们只是打游戏，其实他们经过了非常专业的训练，并且具有非常好的职业素养。”

之后，常浩父母拜托朋友带常浩见了一位打职业比赛的电竞选手，让他了解了电竞选手的基本情况，以及自己与对方的差距和区别。同时，常浩父母还积极引导他进行有益的运动，刺激他学习的兴趣，最后终于让他不再沉迷游戏。

其实，随着我国电竞行业的发展，越来越多职业战队、电竞选手脱颖而出，也取得了不错的成绩。于是很多男孩也梦想着成为职业电竞选手，辍学在家专门玩游戏，但更多的是打着“成为职业选手”的旗号肆无忌惮地玩游戏、荒废时间。

父母一定要让男孩知道，打游戏并不等于电竞，职业选手不只是打打游戏就行了，他们需要对一款游戏进行长时间的训练，训练、比赛、复盘，再训练、比赛、复盘。在艰苦的电竞训练之余，他们还需要进行体能训练、反应速度训练、心理素质训练……

如果男孩真的喜欢电竞且真正了解什么是电竞，可以让他接触职业战队，进行选拔和训练。但如果他没有这方面的天赋，或是和选拔标准相差甚远，就需要引导男孩放弃不切实际的“幻想”。

一旦男孩每天都沉迷游戏，在游戏里打打杀杀，享受胜利的“快乐”，“废寝忘食”、无心学习，那就只是“网络成瘾”。必须让他知道这样不仅会耽误学业，会严重影响学习成绩，还可能影响身体健康——长时间的精神依赖会导致男孩身心受到严重影响，除了打游戏之外再难提起精神做其他事情。

另外，由于青少年的心智并不成熟，在面对游戏时缺乏自制力，很容易玩游戏上瘾，甚至自己想要戒掉游戏，都无法真正地摆脱。到这个时候，男孩的心里是恐慌和焦虑的，所以，父母要给予男孩正确的引导与教育，多和男孩进行交流和沟通，必要时咨询专业人员，帮助他一步步走出来。

游戏充值，不能获得快乐

12 岁的黄林喜欢玩网络游戏，周末或节假日做完作业后，他总是会借爸爸手机玩一个小时左右游戏。因为黄林平时课业繁重，要上的培训班也不少，所以黄林父母也不严厉制止，认为他只要不沉迷游戏、不耽误学习就行了。

后来，受疫情的影响，黄林只能在家上网课，于是爸爸就把旧 iPad（苹果平板电脑）留给他上网课用。可是，爸爸忘记 iPad 上登陆着微信，且微信绑定了银行卡。一天，黄林爸爸到银行取钱，发现账号里少了 2 万多元，交易明细显示他的微信账户购买了某款游戏商品，还进行了直播打赏。交易记录显示充值和打赏次数多达几十次，从几十元到几百元不等，最多一笔有 880 元，还有好几笔 660 元。

黄林爸爸这才意识到是黄林玩游戏偷偷进行了游戏充值，还给直播主播打了赏。黄林爸爸时常听说有孩子偷偷为游戏充值，而且每次都数目不菲，可做梦也没想到这事会发生在自己孩子身上。

但是他不明白，微信交易需要密码，自己没有设置免密支付，这钱是怎么花出去的呢？回到家后，黄林爸爸找黄林问了个清楚，原来黄林之前玩游戏并没有上瘾。但后来，一个人在家上完网课、完成作业后，觉得无聊就打游戏，打着打着就上了瘾。黄林便开始偷偷地拿着爸爸的微信充值，给解说游戏的主播打赏。

至于支付密码，他知道爸爸用的是爸爸自己的生日，又悄悄地观察了一次，自然就记在心里了。为了避免露馅，他还特意在晚上吃饭前后充值，期间找借口把爸爸手机借过来，删掉相关交易记录。就是因为这样，黄林爸爸直到用钱时才发现这件事情。

黄林父母了解到来龙去脉，严厉地批评了黄林，批评他不该肆无忌惮地玩游戏，更不该私自用父母的手机来充值。第二天，黄林爸爸向这家游戏公司和直播平台投诉，要求退还充值和打赏金额，但是并没有实质进展。

男孩喜欢玩游戏，对金钱也只有模糊概念，于是偷拿父母手机充值、打赏就成了普遍存在的问题，金额少则几千，多则十几万。因为在这方面没有法律法规的限制，也缺乏相关部门的监管，于是申请退费就成了困难的事情。

男孩犯错很正常，这个时候“打一顿”并不是有效的方法。我们需要考虑一个问题：自己是想教训男孩还是教育男孩。前者是为了惩罚，而后者是为了培养男孩的品格、能力与素质。

因此，父母需要保管好自己的手机，不让男孩知晓手机支付密码，及时卸载手机里的游戏，但更需要引导男孩树立正确的价值观。树立正确的价值观是非常必要的，男孩需要知道什么钱可以用，什么钱不能用，要知道父母赚钱不容易，手机银行里的钱并不只是数字，而是父母付出了很多劳动和汗水才赚来的，自己不能因为“我喜欢玩游戏”就胡乱地花钱、充值。同时，男孩还需要知道偷偷充值是错误的行为，这与偷钱没什么区别，必须杜绝发生，而且还要承担后果——为父母工作，或是捡废品，或是用压岁钱来偿还这笔自己欠下的“债务”。

当然，与把手机藏起来、卸载游戏相比，培养男孩的自控力、自我管理能力才是最重要的。不管是在学校上课还是上网课，男孩都应该制订科学合理的学习计划，并且严格按照计划去执行，在玩中学、在学中玩；安排好娱乐的时间，适当地玩游戏，且不沉迷游戏，正确地看待游戏和给游戏充值，只有这样才能真正体会游戏的快乐！

远离色情网站，才能健康成长

随着网络和手机日益进入孩子们的生活，男孩接触的信息越来越多、越来越繁杂，这里面有积极正面的信息，也有消极负面的信息。消极负面的信息中就包括暴力、色情类信息。随着男孩进入青春期，生理上逐渐成熟，性意识也逐渐增强，对“性”充满了好奇，更希望通过各种渠道去了解“性”。于是，一些男孩开始浏览色情网站，甚至迷上了色情图片或视频。

15 岁的小威原本是一个品学兼优的男孩，小学毕业时以优异的成绩考入了重点初中，并且有希望进入重点高中。父母对小威寄予了很大希望，老师也很看好他，但是最近一段时间，小威的成绩却直线下降，几次摸底考试都处于中下游。而且，父母发现小威精神状态不太好，满脸疲惫，无精打采，做什么都心不在焉。

小威妈妈以为小威压力太大了，晚上学习太晚了，便劝他注意休息，不要学习太晚。为了缓解小威的压力，还让小威爸爸带他去游泳、散心，但是效果似乎并不好。一个周末，小威父母参加朋友聚会，回家时已经是晚上 11 点半，发现小威的房间还亮着灯，于是想也没想就推门进去，想劝他早点睡觉。

谁知小威看到妈妈进来，立即慌里慌张地关上电脑，神情非常紧张。不过，小威妈妈却看到了电脑屏幕上的内容——男女性爱的画面，由于担心小威尴尬和自尊心受伤害，小威妈妈并没有说什么，只是嘱咐他早点睡觉就出去了。

事后，小威妈妈希望小威爸爸和孩子好好谈谈，打探一下小威最近精神不好、成绩下降是否与这件事有关系。小威爸爸却认为应该尊重孩子的隐私，大人与孩子谈论这件事，很容易伤害孩子的自尊。而且他还认为孩子已经大了，接触一些色情图片、性爱视频也是正常的。

小威妈妈却不这样认为，严肃地说："孩子现在还小，心智发展还不成熟，接受不健康的、淫秽色情的图片和视频，很容易让心灵受到伤害。如果我们不及时引导，孩子就会沉迷色情，还可能滋生不良行为。"

之后，小威爸爸和小威好好地交谈了一次，这才知道他是在网上查资料时不小心点进了一个色情网站，出于好奇浏览了图片和视频，后来学习压力大的时候，他就时不时浏览，再后来就沉迷其中了。现在他脑子里总是会浮现那些画面，有时上课会走神，有时做梦也会梦到，导致精神比较差，晚上还严重失眠。

小威爸爸给小威讲了沉迷色情网站的危害，同时对他进行了正确的性教育。为了让小威解脱出来，小威爸爸每天都带着他去做运动，比如跑步、打羽毛球、游泳等，慢慢地小威的心理发生了变化，情绪和行为也恢复了积极、健康的状态，成绩自然也提升上去了。

青春期的男孩，自我意识逐渐发展成熟，这一时期男孩易冲动、爱探索，接触的事情也越来越多，容易受到外部不良信息诱惑。尤其是没有接受过性教育、没有建立起成熟的性爱观念的男孩，接触到色情信息就容易沉迷其中。因此，父母需要为男孩建立一道“防火墙”，给家庭电脑、手机安装合适的绿色软件，过滤网上的信息，避免男孩接触到那些色情信息。

当然，父母不可能把男孩完全保护起来，现在色情信息的获取门槛很低，未成年人通过社交软件、社交网站就可以接触到大量的软色情信息，比如一些 App（手机软件）经过改动后，可能隐藏着带有色情诱惑的图片，一些直播类平台看起来正常，却有很多赤裸的软色情画面。因此，必须让男孩树立正确的价值观和人生观，多参与积极有益的运动和活动，同时让男孩正确认识性，学会保护自己。只有远离色情网站，男孩才能健康地成长。

网友，相见不如不见

14 岁的男孩男男平时并不叛逆，只是有些爱玩游戏，学习成绩不稳定。一天，男男妈妈接到男男班主任的电话，班主任说男男没来学校上课，询问是生病了还是有其他事情。男男妈妈困惑不已，因为早上男男和自己一起出了门，分别时也没有什么异常表现。

因为担心男男出意外，男男妈妈立即从单位赶到学校，然后沿着男男上学的路线一路寻找，但还是没有找到。回到家中，却发现男男书桌上放着一封信，他在信中说自己到南京见网友了，两三天之后就会回来，让爸爸妈妈不要太担心。

男男妈妈立即赶到南京，在当地报了警，并在民警的帮助下很快找到了男男。原来，男男一年前在游戏里认识了一个网友，两人时常在一起做任务、闯关升级，慢慢地变成了无话不说的好朋友。前几天，这个网友心情不太好，想要到外地去散散心，于是两人就约好了见一面。男男担心父母反对，便什么也没和父母说，带着平时攒下的几百元钱来到了南京，准备陪着网友好好散一散心。

满怀诚意的男男坐了好几个小时火车来到南京，也见到了“深交”

许久的网友——他是个二十岁左右的年轻人，在一家发展前景不错的公司工作，还带着男男参观了公司和宿舍，为了让男男省钱还留他在宿舍住。一开始男男很兴奋，可慢慢地他发现这个网友和他的舍友有些不对劲，言行举止都和学校宣传的传销组织中的人员相似。

男男有了戒备心，趁着外出的机会跑了出来，不再与网友见面，还把他从好友名单中拉黑了。因为对南京不熟悉，又没有足够的钱住宿、吃饭，所以只能在火车站附近徘徊。后来，实在没办法了，男男只能向警察求助，求助时，男男还不好意思说出实情，只是说自己身上没钱了，想借点钱回家。后来在警察的开导下，男男这才说自己是来见网友的，但是对方好像是传销人员……

找到男男后，爸爸妈妈也没有对男男过于责备，但也给了他告诫，希望他不再沉迷于游戏，告诉他在网络交往中要保持警惕，不要轻易相信网友，更不要轻易约见网友。因为网络是虚拟的，很多人会想办法隐藏自己的真实身份和真实意图，甚至还有很多心怀不轨的人想借助虚拟的网络来达到其不可告人的目的。

由于未成年的男孩缺乏自我保护意识，且分不清虚拟与现实，很容易对网友失去提防。在他们看来，见网友很神秘、很浪漫，但是根本没有考虑到潜在的危险性。当对方提出约见要求时，就会很天真地去见面，甚至不提前和父母、老师以及朋友打招呼。因此，不擅自见网友，不轻易通过网络方式交友，应该成为男孩自我保护守则中的一条。

尤其是处于青春期的男孩，父母更要注重与他的交流和沟通，让他把注意力转移到与现实的同学交往上来。提醒男孩要避免“网恋”，网络那边的人不一定是美丽的女孩，说不定是猥琐的大叔，更可能是别有用心的坏人。

同时，一定要合理培养男孩的兴趣爱好，避免让其沉溺于网络。男孩只有合理地利用网络，并把时间和精力主要放在学习或有益的兴趣爱好上，才能够有效地减少风险。

打赏网红，损失的是父母的钱

周磊妈妈前几天到商场买家具，却被告知银行卡里余额不足了。她非常不解，因为银行卡里有 5 万多元，是自己特意留着买家具的，怎么会余额不足呢？通过查询消费记录，这才弄明白钱的去向。原来，14 岁的周磊趁着妈妈不注意，把钱都转移到了自己的微信钱包里，还删除了转账记录——他居然把所有钱都打赏给了一位网红主播。

周磊妈妈赶紧联系直播平台，希望能挽回损失，后来经过多次与平台沟通，钱才被退还回来。不过，周磊妈妈并没有因此而高兴，她满脸愁云地对周磊爸爸说："这可是一笔不小的钱呀，周磊竟然白白送给了别人。他真是太大胆了！而且他正是读书的年龄，怎么就会沉迷于看直播，还不断地打赏呢？这是一个非常不好的现象，如果不及时对他进行教育和引导，恐怕以后还会发生类似的事情，而且可能造成更为严重的后果！"

之后，周磊的父母和周磊进行了深入的沟通，希望能了解他喜欢看直播并不惜重金打赏的原因。最终周磊说出了实话，周磊的父母这才得知因为他们工作很忙碌，平时没人和周磊说话聊天，周磊感觉很孤独。尤其是到了初三，周磊的学习越来越紧张，压力越来越大，妈妈却只关心自己能不能考入重点高中，这让他压抑得喘不过气来。而在看网红直播时，主播会和自己聊天，会给自己唱歌，这让自己紧绷的神经放松下来，心理也得到满足，于是就喜欢上了网红，看到别人都打赏，自己也就开始打赏了。

周磊妈妈有些自责，就是因为自己和丈夫忽视了孩子，让孤独的孩子没有父母的陪伴，这才迷恋上网红主播。从那以后，父母开始抽时间陪伴周磊，耐心地与他沟通，同时对周磊进行教育，纠正他的思想，引导他的行为。

随着互联网的发展，层出不穷的游戏、直播对青少年有着巨大的吸引力。而这几年流行给直播网红送礼物、打赏，以博得网红的赞美，这让很多男孩的虚荣心获得了满足；与网红聊天，让男孩感到亲切，并可以很好地排解自己内心的压力和孤独。但是，男孩没有意识到这种靠打赏建立起来的“亲密关系”是虚无缥缈的，而打赏的钱，是父母辛辛苦苦赚来的，不应该被自己随意挥霍。

父母需要多陪伴男孩，多与男孩进行深层次的沟通，如此男孩才不会因为孤独而寄情于看直播。要让男孩认识到互联网这个虚拟空间很容易让自己虚度年华、迷失自我，靠打赏得来的虚荣、满足也是虚无缥缈的，而且很多网红主播的“善解人意”是伪装的，在直播中夸赞男孩，对他嘘寒问暖、无微不至也只是为了索要礼物而已。很多网红主播明知道男孩是未成年人，还与他聊天，只是为了诱骗男孩打赏、刷礼物。

同时，要帮助男孩建立网络金融意识和个人信用观念，认识到打赏虽然是在网上完成的，但是花出去的却是真金白银，是父母辛辛苦苦赚来的血汗钱。要多鼓励男孩与同龄人交往，多参加学校社团组织的活动，转移注意力，丰富自己的精神世界。

可以说，未成年人的心智尚未成熟，没有正确的金钱观，再加上压力大、内心孤独，就很容易被诱骗。父母必须给予男孩正确的引导和教育，多沟通、多交流，避免他在网络里迷失而犯下大错。

第七章

意外来临时，先让自己镇定下来

意外伤害无处不在，父母不可能永远守护在男孩身边。这就需要教育男孩如何应对一些突发事件、他人侵害和自然灾害，教会男孩如何让自己冷静下来，安全地脱离危险和困境以及进行有效的自救。

地震来袭，应该怎么办？

吃完饭后，瑞瑞和爸爸玩起了跳棋游戏，妈妈则在厨房里洗碗筷。突然，整个房子震动了几下，房顶的吊灯摆动起来，书柜上的花瓶也摔到了地上……

瑞瑞大声喊道：“妈妈，房子怎么晃动了，我快晕了！”

瑞瑞的爸爸妈妈立即意识到这是地震了！于是，瑞瑞爸爸立即把瑞瑞拉到厨房。爸爸和妈妈躲在墙角，还让瑞瑞钻到椅子底下。几秒钟后，震动停止了，瑞瑞的爸爸妈妈带着瑞瑞打开门，准备到户外空旷的场地。一开门，就看到邻居一家人也跑出来了，两家人便一起做伴，顺着逃生通道往下跑。

瑞瑞大喊：“妈妈，我们为什么不坐电梯？”

瑞瑞妈妈回答说：“坐电梯很危险，要是又地震了，电梯出现了故障，或是停了电，就是想跑也跑不掉了。”

瑞瑞似懂非懂，只能跟着爸爸妈妈往楼下跑。他们好不容易才跑到空旷的地方，发现那里已经聚集了很多人。大家都惊魂未定，一边喘着气一边用手机查看着消息。半个小时后，大家看再没有地震了就都回家了。

后来，瑞瑞的爸爸妈妈通过新闻才知道原来这里刚才发生了 4.1 级有感地震，震源深度 10 千米，震感比较强烈，一些老旧房屋出现了倒塌，但没有人员伤亡。这是瑞瑞第一次经历地震，所以根本不知道什么是地震，更没有避震、逃生的知识。

借着这个机会，瑞瑞的爸爸妈妈向瑞瑞讲解了地震的有关知识，例如为什么会发生地震以及地震的严重危害。瑞瑞爸爸找到了一些视频，说："瑞瑞，地震发生十分突然，一次地震持续时间往往只有几十秒，但是却可以造成楼房倒塌、桥梁断裂、道路下陷等危害。你一定要知道，一旦地震来了，如何保护自己以及如何进行自救。"

接下来很长一段时间内，瑞瑞父母都教瑞瑞如何防震，教他辨别一些地震的前兆，掌握一些有效的避震和自救常识。经过父母耐心的教导，瑞瑞不再是那个一无所知的小男孩。瑞瑞掌握了很多有关地震的常识，还在学校举行的校园防震减灾应急疏散演习中协助老师帮小朋友们尽快地躲避、疏散。

地震是一种可怕的自然灾害，令人猝不及防，而且不可预料。未成年的男孩还没有足够的处理意外、灾难的能力，因此，父母需要成为孩子的第一信息源，尽可能早地向男孩讲解有关地震的知识，教会他在学校或在家时如何避震。

如果男孩年龄比较小，父母可以利用绘本、短视频让孩子知晓怎么做是正确的、怎么做是错误的。要告诉孩子，地震的预警时间一般很短，只有几秒或十几秒，所以如果你处于高楼，不要慌张地往外跑，在室内寻找安全避震地点才是正确的。可以躲在内墙墙根、墙角；厨房、厕所等空间小、有水源的地方；躲避在坚固的桌椅下、讲台旁或有管道支撑的房间里；注意避开吊灯、电扇等悬挂物，要用手抱住头部。

地震波是地震的波动，有频率性，告诉孩子等地震暂停后要立即跑出去，到室外空旷的地方躲避；千万不能坐电梯，要走安全通道；在学校或公共场所，要听从老师的安排，不要惊慌失措，要避免拥挤。

告诉孩子如果来不及跑出房间，要设法转移到承重墙较多、空间小的厨房、厕所去暂避；万一不幸被埋，要冷静下来，不能乱动，要保持体力；用毛巾或者衣服等捂住嘴和鼻子，避免吸入灰尘；听到有人来救援，要大声求救，如果发不出声音，要用砖石、木棍等发出敲击声……

当然，对男孩进行防震、避震的教育，父母需要用平静的态度和口吻，不要过度渲染灾难，不要传递恐惧与恐慌，否则不仅无法起到很好的安全教育效果，还可能加深男孩内心的恐惧，使之整天心神不宁、恍恍惚惚，遇到地震时更不知所措。

发生火灾，正确地逃生和自救

前两天某小区一栋居民楼内发生火灾，幸运的是没有造成人员伤亡，损失也不算大。这栋楼里的邻居都在夸奖一个 11 岁男孩琪琪。正因为他懂得火灾发生时的逃生方法和自救技巧，这才让自己、家人和邻居免于陷入危险之中。

当时琪琪正在家中写作业，突然发现客厅中浓烟滚滚。原来是一个老化的插线板着了火，火势已经蔓延到电视、书柜。因为在学校里学过防火、灭火和逃生知识，琪琪立即拉下电闸，然后拨打 119 报警电话，说明火灾情况和自己家的具体位置。挂断电话后，琪琪尝试用水来灭火，但是没有成功，于是他果断选择逃生。

逃生时，琪琪并没有忘记通知同一楼层的邻居，告诉大家着火了，赶快去逃生。琪琪和同一层邻居从安全通道往下跑，一边跑一边大声喊："着火了，大家赶快逃生！"在他们的通知下，邻居们都安全地逃离了，很快消防员也赶到了，扑灭了大火。事后，消防员和邻居都夸琪琪聪明机智，同时也赞扬他能在出现危险时提醒他人。

琪琪妈妈也对儿子赞扬不已，同时也认为该对琪琪进行更完善、更全面地火灾逃生安全教育。琪琪妈妈对琪琪爸爸说："之前我们也教了琪琪一些防火知识，但是并没有强调火灾发生时的逃生技巧和注意事项，更没有做过一次逃生演习。幸好在这次火灾中琪琪有惊无险。"

接下来，琪琪父母给琪琪安排了一系列防火、逃生安全课，教导他在火灾过大又没有大人在身边时该往哪里躲避，应如何沉着冷静地逃生。最重要的是，每个月他们都会进行一次家庭火灾逃生演习，由琪琪带领父母安全逃离火灾现场。通过演习、复盘指出他做得正确、错误的地方……

增强男孩的防火安全知识，提高他们的应急自救能力，是父母们必须要做的。当然，前提是让男孩了解自家房屋的大概构造，熟悉逃生的路线，这样才能在火灾发生后明确自己的位置，知道如何快速安全地离开现场。应该明确地告诉男孩，不管火势大小都不能慌乱，不可贪恋财物，不可盲目地跳窗，一定要确保自己的生命安全，正确地进行自救和逃生。

火灾必定伴随着浓烟，浓烟会阻碍我们的视线，且可能有剧毒。想要在火灾中保护自己的安全，男孩应避免低头乱窜、乱跑，而是在判断清楚方向之后，弯腰、捂住口鼻来逃生。如果火势太大，楼层不高，可以选择从窗户逃生，可以用窗帘、被单系成绳子，顺着绳索慢慢地滑下去。如果楼层太高，千万不要忙着开窗，而是应该紧闭门窗，躲到卫生间，披上用水淋湿的被子，等待救援。

对于男孩来说，掌握有效的求救方法比教他如何自救更为重要，因为能力的限制，他可能无法顺利地进行自救。所以，一定要让男孩牢记火警电话"119"，发现着火了，立即报警。教他学会如何拨打报警电话，说明发生火灾的地址、什么东西着火了以及通报火势大小、父母电话等信息。除了报警求救，还应该教男孩更多的求救方式，比如大声向外呼喊、挥舞颜色鲜艳的衣服、敲窗户等。

遇到坏人，不要光喊“救命”

在男孩的成长过程中，“遇到坏人该怎么做”是必不可少的学习内容。很多孩子会大声喊“救命”，认为这样可以把坏人吓跑，或是让周围的大人来救自己。但是，只是喊救命，被救的可能性并不大，因为心理学上有一种“旁观者效应”。

一天，李源妈妈去接李源，听到学校门口几个家长正谈论着什么。原来距离这里不远的另一所学校发生了一件令人痛心的事：一个 9 岁男孩放学回家，在路上行走时，一辆黑色汽车在他身边停了下来，车上下来的一个成年男子什么也没说就想把他拉进车里。男孩吓坏了，一边大声喊“救命呀！救命呀”，一边不停地挣扎，想要摆脱坏人的纠缠。

男孩的喊叫和挣扎吸引了几个路人停下，然而路人只是观望，无人上前劝阻，也无人进行救助。成年男子笑着说：“小孩子不好好学习，成绩一塌糊涂，刚骂了他几句，他就发脾气，说什么也不上车。”路人将信将疑，男孩更着急了，哭着大喊：“他胡说。我不认识他！救命呀！救命呀！”成年男子则一边对着路人点头，一边呵斥孩子：“不要再胡闹了！否则我就不客气了！”说着还拍了他屁股几下。

紧接着，男孩又挣扎了几下，就被成年男子拉到了车里。路人渐渐离开，有人还议论道：“现在的男孩真是叛逆！”

然而，到了晚上，男孩父母见男孩没回家，给班主任打电话，又报了警。警察查看了监控，才发现他被一个成年男子掳走了。这个成年男子是男孩父亲的合作伙伴，因某种原因被男孩父亲取消了合作，便怀了报复之心，想给男孩爸爸一点“颜色”，于是便绑架了男孩。后来，男孩被警察解救了出来。虽然男孩没受什么伤，但是却被吓坏了，一连好几天都精神恍惚、战战兢兢的。

李源妈妈回家和李源爸爸说了这事，并困惑地说：“当时男孩拼命挣扎，还大喊‘救命’，为什么路人不管不顾呢？难道现在的人都这么冷漠吗？”

李源爸爸说：“其实，这不是冷漠的问题，而是因为‘旁观者效应’。大部分路人都是‘旁观者’，当男孩喊救命时，因为不知道发生了什么事情，往往抱着‘多一事不如少一事’的心态先观察一下，或是看看别人有什么反应，等别人行动了，自己再行动。而且，那成年男子说了孩子‘不好好学习’‘胡闹’这样的话，这些人就真的认为是父亲在教训孩子，感觉‘不好干涉人家家事’。于是，虽然男孩求救了，在场人数也众多，但是没一个人主动救孩子。”

李源妈妈恍然大悟，但又说：“那孩子遇到危险，就不能喊‘救命’了？”

李源爸爸说：“不是不喊‘救命’，而是聪明地喊！如果求救的方式不对，获救的可能性就小很多。”接下来，两人便开始教育李源，让他掌握正确的呼救技巧，来寻求他人的帮助。

“旁观者效应”也叫“责任分散效应”，就是说把一件事交代给一个特定的人，他会尽心尽力地完成，如果交给一堆人，责任就会分散，那么大家都不会努力。因为他们认为“我不努力，总有其他人会努力。我努力不努力，没什么关系”。因此，父母要教会男孩在遇到坏人、危险时如何脱险，如何让人主动帮助自己。

告诉男孩要掌握呼救的技巧，而不是只向周围的人大喊“救救我”“救命”，应该告诉周围的人自己遇到了危险，同时，直接锁定离自己最近的人，大喊“他是坏人，我不认识他！那个穿黑衣服的叔叔救救我”，或是直接拉住他，说：“叔叔，他想绑架我！救救我！”这就打破了“旁观者效应”，那个人就会伸出援手。

如果遇到被坏人追赶，不要只顾着拼命逃跑，被坏人抱走了，不要只顾着挣扎，而是要趁机“破坏”周围的人的财物，比如打掉路人的手机、推翻路边摊的货品等。这时，周围的人肯定会抓住你不放，这样你也就有了得救的机会。

教会男孩正确的自救和求救方式，这比直接大喊“救命”更为有效。

路遇歹徒袭击，千万别慌

最近，男孩然然的学校发生了一件大事：一个歹徒竟然跑到学校行凶，砍伤了几个无辜的孩子！

当时正值下课时间，小部分学生还留在教室，大多数学生在操场上玩耍、运动。这时，歹徒先持刀砍伤了门卫，然后在操场砍伤了几个学生。操场上的学生们开始往教学楼跑去。

很快，一名保安和几名教师赶到操场，对歹徒大喊："你干什么？快住手！"

保安和教师一边阻止歹徒，一边大声告诉学生们："孩子们，快往教学楼跑！"听了这话，学生们都往教学楼跑，而从教学楼赶出来的老师则组织学生们躲进教室，锁好教室门窗。

这时，更多教师已经赶过来驱赶歹徒，并趁机救回受伤的学生。三名男教师击倒了歹徒，冒险抢下了凶器，然后众人一拥而上，这才把歹徒制服。

然然的妈妈无奈地说："怎么会发生这样的事情？这歹徒实在太可恶了，就算发生什么事情，也不能伤害无辜的孩子呀！"然然的爸爸则说：“现在很多人心态不好，一遇到什么事就报复社会，孩子属于弱势群体，反抗能力弱，所以他们便把目光集中在孩子身上。这段时间，类似的事情可真不少。我们需要加强对然然的安全教育，让他知道遇到危险时如何保护自己，如何冷静地避险，为自己赢得生存的机会。”

危险来袭，尤其是遇到歹徒的袭击，年龄小的男孩必然会惊慌失措，惊恐不已。这是正常现象。但是，父母必须让男孩学会如何逃跑和自救，保证自己的人身安全不受伤害。告诉男孩若是遇到袭击，或是看到歹徒拿凶器朝着自己冲过来，千万不要愣在那里，一定要跑，拼命地跑，而且要边跑边大声呼救。

跑也是要讲究方法的。要往教室、保安值班室或教师办公室跑，应该找最近的房间，跑进去后赶紧关门上锁。若歹徒离你很近，还用凶器袭击你，最好先有效躲避，避免要害部位受到袭击。躲避之后，立即以最快的速度从歹徒持凶器那只手的手臂外侧逃走；要学会根据环境来求救，选择最佳的保护自己的方法。如果有大树、花坛、汽车等障碍物，要绕着障碍物跑；遇到什么东西，比如树枝、凳子、木板等，可以拿来挡在胸前，保护自己。呼救也要有技巧。不要只是“啊”“啊”地大叫，要明确地大声喊救命，如：“老师救我！”

一定要让男孩记住：千万不要和歹徒硬碰硬，不要贸然地救受伤的同学。若是被歹徒挟持，千万不要盲目地反抗，或是用言语激怒歹徒，而应保持冷静，等待警察的救援。很多歹徒都是丧心病狂的，任何一个反抗的举动都可能让自己更加危险。

总之，教会男孩在遇到突然袭击时自救很重要，而提前预防和安全教育则是重中之重。面对凶残的歹徒，大人都难免会惊慌失措，无法冷静地想办法逃脱，更何况是手无寸铁、心智尚未成熟的孩子呢？因此，为了让男孩能更好地保护自己，父母需要反复进行“反恐演习”，让孩子反复演练自救方法，提升自己的自救能力。

被锁在车里，怎么办？

一天中午，军军的爸爸开车带着 6 岁的军军去超市购物，回家途中突然想起要到某银行办个业务。因为那个银行周末没多少人，办个业务也就十几分钟，于是就让军军在车里等待。谁知军军的爸爸在银行遇到了一个朋友，两人便聊了起来，这一聊就忘记了车里的军军。

此时正值下午，当地天气本来就闷热，在太阳的烘烤下，车里温度持续升高，热得军军满头大汗。军军想要开门，却发现车门已经被锁，自己根本出不来。30 分钟后，军军的爸爸回来了，这才发现军军满脸通红、身上的衣服已经被汗水浸透了，而且出现了中暑的症状。幸好车里有瓶水，军军不停地喝水，才感觉好一些。

军军的爸爸把军军从车里救了出来。回家后，军军的妈妈非常生气，大声对军军的爸爸喊道："你怎么能把孩子一个人扔在车里，而且还锁了车门，熄掉火。难道你不知道夏天车里有多热吗？难道你没有看到新闻里一个个可怜的孩子因为被锁在车里而中暑身亡吗？"军军的爸爸很愧疚，不停地向军军和军军的妈妈道歉，表示之后绝不会再犯类似错误。同时，军军的父母也意识到，军军真的需要学习自救常识了。这一次幸好军军的爸爸及时回到车里，要是耽搁的时间再长一些，后果就不堪设想了。于是，他们开始对军军进行安全教育，教他如何在被锁在车里时进行求救，让自己在短时间内脱离危险。

关于汽车的安全教育，父母千万不能忽视。由于男孩尚未发育完全，体温上升和体内水分散失的速度是非常快的，一旦被锁在封闭的车厢里，就会有生命危险。尤其是夏天，阳光照射 15 分钟，车里的温度就会达到六七十摄氏度，在这样的环境下，孩子被锁在车里 30 分钟，就可能丧命。

为了避免发生类似事件，必须事先教会男孩如何在这种情况下求救。所有车型的危险警报灯都是常供电状态，也就是说，车辆的双跳灯在锁车时也是可以点亮的，有一些车辆的喇叭在熄火后，也可被按响。所以，父母平时要教男孩认识一些简单的按键，打不开车门时按喇叭，或是按双跳灯、双闪，吸引周围的人的注意。

也可以让男孩拍打窗户，吸引周围的人的注意，或是在纸上写求救信息向路过的人求救。当然，有的车贴膜之后外面的人可能无法发现车里的孩子，遇到这种情况，可以教孩子来到挡风玻璃处，拍打挡风玻璃。

除了向他人求救，男孩还必须学会自救。因为若是路人没发现孩子的求救信息，或是路上过往的人比较少，求救就没有效果了。要教会男孩冷静，避免大声哭闹而消耗体力。男孩到了 3 岁，就具备了一定的理解能力和行动能力，父母可以在车里准备备用钥匙和安全锤，教会男孩万一不小心被锁在车里，如何用备用钥匙打开车门；也可以教他用安全锤砸开车窗。如果没有安全锤，可以用尖锐、坚硬的东西用力砸开后门车窗。也可以事先教他如何找到后备厢的按钮或拉环，想办法打开后备厢，然后从那里逃出来。

当然，父母必须谨慎小心，千万不可因为疏忽把男孩锁在车里。

受伤流血，先镇定下来

在客厅里，高强大声喊了一嗓子："哎哟，我的手被水果刀割伤了！"

高强爸爸见孩子手指鲜血直流，说道："你不要着急，先镇定下来！"

高强仍一直叫疼，皱着眉说："疼死我了！这血还在流，怎么办？"

高强爸爸无奈地说："你先到卫生间，用自来水冲洗一下，我找来急救箱帮你包扎。"

高强立即跑到卫生间，冲洗了一下伤口。而高强爸爸从柜子里拿出急救箱，从急救箱里依次拿出酒精、绷带、纱布、医用棉签、云南白药等。接下来，高强爸爸先给伤口用酒精消毒、清理，还安慰孩子说："你得忍耐一会儿，用酒精消毒，伤口可能很疼！"听了爸爸的话，高强也不好意思喊疼了，只是皱着眉忍受着。

最后，高强爸爸用熟练的手法剪开纱布、绷带，把它们放到一旁，再用棉签在伤口上涂上云南白药，然后帮高强把伤口包扎起来。包扎好之后，笑着对高强说："你要记住，如果以后再遇到这样的突发事件，一定要镇定下来，不要慌。我刚才给你处理伤口的步骤，你记住了吗？以后按照这个步骤去做，就可以及时自救，避免流血过多和伤口感染。"

看高强似乎没掌握，高强爸爸又仔细地演练了一遍，还说："如果你身边没有酒精和云南白药，就要先用清水冲洗伤口，然后用干净的布把伤口包扎起来，之后到家或医院、诊所等进行处理。如果伤口比较深，流血很多，自己又不能解决问题，一定要拨打120急救电话，然后简单地进行自救，避免流血过多。"

之后，高强爸爸开始注重培养高强的自救能力，教给他一些基本的伤口包扎、止血技术。同时，高强爸爸还教孩子在遇到意外骨折时，应该如何去处理，如何采用支架方式包扎伤口；如果遇到了烫伤、烧伤，应该第一时间用冷水冲洗，给伤口降温等。

在爸爸的引导和培养下，高强比其他孩子更懂得应对生活中的意外和难题，也掌握了很多自救技巧和生存技能。

男孩往往比女孩顽皮，更喜欢运动和冒险，自然也就多了一些危险和意外。从几岁到十几岁的男孩，受伤流血、擦伤碰伤、被烫被烧这样的意外总是层出不穷，父母不可能时刻盯着孩子，嘱咐他远离危险和伤害，也不可能每次都帮孩子处理问题。因此，教男孩在出现意外时会自救、敢于自救是非常重要的。

首先父母要做到不大惊小怪。不要一看到男孩流血受伤就大喊大叫，而是要冷静地给孩子提供正确的急救措施，之后男孩才不会惊慌失措，而是慢慢地学会正确地自救，从容地面对一些突发状况或危险。

自己解决问题，独立地面对一些意外或危险，这是人类的生存法则。在男孩成长的过程中，父母不能过于溺爱，也不能帮他把所有难题都解决掉。要帮助他成为一个情绪稳定的人，并且敢于自救、具有自救能力，如此才能让他成为勇敢和独立的男子汉，才能让他在意外来临时真正保护好自己。

野外迷路巧求救

男孩齐磊所在的学校组织了一次夏令营活动。老师们把孩子们带到郊区的山中露营，并且进行野外生存训练。可是夏令营刚进行没几天，班主任就打来电话，说齐磊和几个同学因为好奇和贪玩私自进入了森林，失联了。

齐磊的父母吓坏了，立即赶到夏令营营地，得知老师们已经找了两个小时，早已经拨打了 119 救援电话，现在消防员已经进山去寻找孩子们了。齐磊的妈妈着急地说："这孩子平时在家娇生惯养的，从来也没有去过野外，这次怎么这么大胆，就私自去冒险了！"

另外一个同学家长也说："没错，要是遇到危险，可怎么办呀？"

班主任只好尽量安抚家长的情绪，表示会尽快把孩子们安全地找回来。3 个小时后，天渐渐黑了，孩子们才被消防员找到，只见几个孩子非常狼狈地回到营地。一名学生因为喝了不干净的水而肚子疼痛；另一名学生不慎摔伤了腿，也没有包扎和止血；齐磊的衣服已经湿透了，好像已经哭过了。

原来这些孩子听说这片森林中有珍稀的动植物，于是便想着结伴去寻找。可没走多长时间，孩子们就迷路了。因为手机没有信号，他们没办法求救，于是只能凭借印象找回来的路。谁知道，越着急越找不到方向，越找不到方向就越惊慌失措。他们在树林里到处乱跑，因为体力消耗过大，越来越害怕，所以才频频发生意外。后来，他们实在走不动了，就只能坐在原地休息，却不知道如何求救。再后来，消防员就找到了他们。

齐磊一看到妈妈便大哭着说："妈妈，要不是消防员找到我们，我们可能就死在森林里了！"看着孩子手足无措的样子，齐磊妈妈很心疼，可也非常无奈，心想：孩子连基本的求救和自救能力都没有，以后可怎么生存呢?

经过这件事，齐磊父母开始让齐磊接触野外生存的相关知识，教他如何应对在野外迷路、受伤以及被困等情况。

我们都知道，男孩总有一天会走出家庭，走出学校，可能是和大人一起到野外游玩，也可能是和同伴结伴去探险。只要男孩接触大自然，就有可能被困于野外，可能是一个人脱离队伍，可能是团队一起迷路，谁也无法预料意外什么时候会发生。因此，男孩需要掌握一些在野外生存的技能。

在野外，学会辨明方向是最重要的。如果迷路了，又没有地形图和指南针等器材，就要学会利用自然界中的一些特征来判定方向。比如，利用太阳，在地面垂直竖起一根木棍，通过木棍影子的移动来辨别东西南北。再比如，利用树木和北极星来辨别方向，就可以走出困境。

很多时候，孩子是很难一个人走出困境的，所以父母必须教会他如何正确求救。火光是最明显的信号，尤其是晚上，火光不仅可以引起人们注意，还可以让自己保暖。平时要教会男孩钻木取火的原理，以及利用玻璃片、眼镜等物品聚焦太阳光来生火的知识。

还要教会男孩一些自救的常识，如果不小心骨折，千万不能移动，最好用树枝、绳子把骨折的部位固定住，原地等待救援；如果发生扭伤，关节部位出现肿胀、疼痛等情况，也要减少运动，可以用运动鞋带系紧，预防肿块形成；如果受伤流血了，要及时用清水冲洗伤口，然后用布包扎起来，避免流血过多或伤口感染。

当然，也要教会男孩如何根据植物来寻找水源、寻找可以食用的野菜、野生菌和植物果实等；教会他遇到野猪、蛇等怎么冷静地避险……

总之，不管男孩多大，野外生存能力训练都是必需的。因为在男孩成长过程中，接触野外的机会非常多，若是连基本的生存技能都没有，那么身体健康和生命安全就很难保证了。

遭遇交通事故，如何自护自救？

上初三的大齐每天骑自行车上下学，可以避免挤拥挤的公交车，也不用父母每天接送。一开始，大齐非常小心谨慎，骑车速度不快，过马路时也注意一看二望三通过。但是慢慢地，大齐骑车的速度就越来越快了，过马路时也没那么谨慎了，还时常和同行的同学“飙车”。

这天晚上放学回家的路上，大齐看到一个同伴刚过了马路，便开始拼命加速。虽然绿灯已经变成了黄灯，但是他仍闯了过去，结果与一辆正在右转的汽车撞在一起。因为大齐的车速太快了，直接撞到汽车侧面，又被反弹了回来，然后重重地摔在地上。

大齐感觉自己的左腿非常疼，尝试着动一下，但是动弹不得。汽车驾驶员立即下了车，询问他怎么样，并且嘱咐他不要乱动，然后就拿出电话拨打110报警电话和120急救电话。不过，大齐并没有听他的话，他尝试着挪动左腿，并且还努力地站起来，谁知一股钻心的疼痛传了过来，让他又摔倒在地上。

看到这情形，汽车驾驶员赶紧走过来，说：“你这孩子怎么不听话，这腿肯定是骨折了，要是乱动的话，后果会很严重的。”说着，站在大齐身边，一边看着他一边赶紧联系交警，并且向大齐索要他父母的电话，联系他们过来处理相关事情。

很快，大齐的父母、交警和120救护车都来到现场，在简单了解情况之后，他们把大齐送到了医院。果然，大齐左腿骨折了，而且骨块发生了严重错位。听说大齐随意乱动之后，大齐妈妈心疼地说："你这孩子怎么一点自护自救的常识都没有呢？遭遇交通事故，最忌讳的就是自己乱动，如果你根本不知道自己哪里受了伤、伤得是轻是重，任何一个乱动的行为都可能导致更大的伤害，甚至会有生命危险。"

之后，大齐的父母对大齐进行了交通安全教育，让他知道一旦遭遇意外，如何最大限度地保护自己，如何进行正确的自护和自救。同时，还让大齐谨记交通规则，提高警惕，避免因疏忽大意而发生交通意外。

近几年来，在中小学校园安全事故中，交通事故导致的受伤人数是最多的，交通事故已经成为造成青少年伤害的"第一杀手"。所以，父母对孩子要加强交通安全教育，教给男孩更多预防交通意外和如何进行自护自救的知识。

对于年龄小的男孩，必须增加交通安全课程，让孩子懂得一些交通安全知识，熟悉各种交通信号和标志，并且要求其自觉遵守交通规则。要教育男孩提高警惕，不在街道和马路上踢球、溜旱冰、追逐打闹；不私自骑自行车上路；不闯红灯、跨越街上的护栏，不穿越高速公路上的护栏；不在汽车前后玩耍，不突然从汽车前面跑过，避免交通意外的发生。

告诉男孩，如果乘车时发生交通事故，要迅速护住自己的头部，避免头部被猛烈地撞击，可以用力抱住前方椅背，尽量低下头，让下巴紧贴前胸，用手臂护住头部和颈部。如果受伤了，要查看自己伤情如何，如果受伤较为轻微，可以自由活动，应该想办法离开汽车；如果受伤较为严重，最好不要乱动，要大声呼救，耐心等待救援。但是，如果汽车着火了，必须尽快离开汽车，找尖锐的东西砸碎玻璃。若是车内起浓烟的话，可以用衣物掩住口鼻，尽快从车门和车窗逃出。

要让男孩记住，如果不幸被汽车撞伤，感觉身体某处异常疼痛，千万不要自己乱动，也不要让别人搬动自己，可以大喊："我的腿好像骨折了，不要动我！"避免骨头扎伤动脉。如果感觉颈部或是腰部不舒服，也一定不要乱动，要等专业的医护人员来救治，否则可能会在行动时受伤，造成永久性的伤害甚至是瘫痪。

第八章

男孩，小心藏在书包里的玫瑰

进入青春期的男孩，身体发生了变化，心理也发生了变化。他们有了独立意识，也有了懵懂青涩的情感，会喜欢异性、对性有兴趣和欲望。但是，因为心智不成熟，缺乏正确的爱情观、性观念和自我保护意识，他们往往无法预防伤害。

与女孩相处，尊重摆在第一位

尊重女孩是男孩不可或缺的素养。可是很多处于青春期的男孩很喜欢惹女孩生气，拽女孩辫子、拉扯女孩的衣服，甚至还嘲笑比较胖或是发育比较好的女孩。

男孩冲冲最近在学校惹事了，竟然在课间的时候弹女孩背后的内衣边，还嘲笑女孩身材有些胖。冲冲妈妈立即被班主任叫到学校，听班主任述说了事情的原委。原来当时是大课间活动，有些同学在讨论问题，有些同学趴在书桌上休息，还有些同学聊着天。冲冲本来和前桌的女同学在讨论问题，后来两人因意见不合发生争执，那女孩一气之下不再说话，还转过身去。

冲冲叫了她两句，见女孩没有回应，便拉起女孩背后的内衣边弹了一下。只听“啪”的一声，女孩惊讶地回过头来，喊了句：“你干什么？”冲冲说：“没干什么？！谁让我叫你你不答应！”这时，女孩才发现周围同学都停止了说话、做事，齐刷刷地朝着这边看过来。

女孩的脸唰地变得通红，尴尬得恨不得找个地缝钻进去，然后就跑出教室，在厕所里哭了好半天。班主任知晓这件事之后，对冲冲说应该尊重女孩，不应该做让女孩尴尬和难堪的事情。谁知冲冲竟然当着女孩的面说：“哎呀！看她那胖样，哪里像女孩子，我都没有当她是女孩……”一句话让女孩更尴尬和伤心了……

冲冲的妈妈听了班主任的讲述，无奈地抚了抚头发，心想：“这孩子真是不懂得尊重女孩，拿着无知当有趣。”于是立即向班主任表示歉意，并且找来女孩，与冲冲一起郑重地向女孩道歉。

事后，冲冲的父母开始对冲冲进行教育，希望他在与女孩相处时，把尊重放在第一位。冲冲的妈妈对冲冲的爸爸说：“孩子已经 14 岁了，不是小孩子了。与女孩相处本就应该保持界限感，拉扯女孩内衣边，嘲笑女孩不像女孩、体形胖，是不尊重他人的表现，是没素质的表现。如果孩子继续这样不懂得尊重人，就会成为令人讨厌的人，甚至会影响他之后与异性的相处。”

在这次事件之后，冲冲的父母开始注重对冲冲的教育，引导他与女孩相处，不做出格、没分寸的事情，不说调侃、嘲笑的话，更不能攻击和讽刺女孩。

家长要教会男孩尊重女孩。与女孩相处时，让男孩提高自己的情商和素养，不嘲笑、攻击女孩的外貌，更不与其他男孩一起起哄和嘲笑女孩，不给女孩起外号、贴标签。男孩既要独立自主，也要善良、善解人意，照顾他人的感受，理解他人的处境。

男孩尊重女孩，既是一种友爱，也是一种教养。告诉男孩，即便女孩不给你讲解作业，也不能孤立和嘲笑对方；即便女孩不肯帮忙，也不能拿走她的书或笔来“威胁”。

男孩必须有性别意识，要懂得尊重女孩的隐私，保持一定的界限感，不对女孩做出过于亲密的行为，更不能侵害女孩。学校是男孩与女孩接触最多的场所，让男孩尽早了解同性与异性的差别，让其注意与女孩保持隐私界限，这样才不会出现不尊重甚至侵犯女孩的情形。

喜欢一个女孩，就不要欺负她

男孩志强所在班级里刚转来一个文静的女孩，说话声音细细的，还带着一丝羞涩。因为女孩是插班生所以不太合群，只和同桌与班干部有一些交流。女孩学习非常好，听说是原来学校的年级第一名，只是因为父母工作调动，才不得不转学到这里。

志强就坐在这个女孩后面，看着这样文静的女孩，总是莫名其妙地想要欺负她。上课时，他会偷偷地拽女孩的辫子，看到她猛地回头就装着看书，然后在书后窃笑。下课时，他会把水杯“啪”地放在女孩书桌上，说：“嘿，新来的，帮我打水！”

女孩的同桌为女孩打抱不平：“你干吗欺负人！为什么不自己去打水？”

志强则故意大声说：“我愿意！你管得着吗？”然后小声对女孩说：“你要是不给我打水，我就一直在后面拽你辫子，看你怎么上课！”于是，女孩“屈服了”，每节课都要为志强打水。之后，志强总是指使女孩为自己做事，替自己写作业，替自己打扫卫生，所有同学都知道志强欺负女孩，可是谁也不愿或不敢说什么。

某次体育课后，志强和同学们刚打完篮球比赛，热得满身是汗，回到教室就冲着女孩说："嘿！去给我买瓶冰可乐！"可是女孩并没有行动，只是坐在座位上整理下节课需要用的课本。志强焦急地说："和你说话呢！你没有听到吗？"女孩依旧没出声。

志强气急败坏地要抢她的课本，却一不小心打中了女孩的左眼，女孩痛得眼泪唰唰地流下来。这时女孩突然爆发了，大声喊道："你为什么欺负我？！我哪里惹到你了？！难道就因为我是转校生吗？我已经够忍耐了，你为什么还要欺负我！你太过分了！"说完，女孩就冲出了教室。志强愣住了，其他同学也愣住了。

事后，志强和同学们才知道，因为女孩的父母频繁调动工作，女孩也总是转校。女孩虽然成绩优异，但是没什么朋友，再加上她性格内向文静，所以成了被霸凌的对象。在一些坏孩子的霸凌下，女孩也越来越自卑、越来越不敢反抗。

事后，志强的父母知道了这件事，在与志强沟通时，志强吞吞吐吐地说："我没想欺负她，更没想着霸凌她……"志强爸爸直言说："你还有点喜欢她，是吗？"志强愣愣地看着爸爸，不好意思地点点头。随后，志强爸爸说："傻孩子，喜欢一个女孩，不是要欺负她。或许你不知道如何表达，或许你只是为了吸引她的注意力，但是这只会适得其反。试想一下，你会喜欢一个整天欺负你的人吗？"

志强父母开始引导他如何表达情感，如何与女孩相处。告诉他与异性相处，有许多交往的原则和细节，如果不懂这些规矩，只以自己为中心，就会被女孩排斥。相反，只有尊重女孩，正确地表达自己的情感，不做幼稚的事，才会被女孩接纳。

青春期的男孩还不成熟，虽然每个人都对喜欢的女孩有不同的表现，但是有一个共同点，那就是想引起对方的注意。“欺负”女孩，是一种不成熟的表达喜欢的行为，但是女孩却不理解，尤其是那些平时内向、自卑、受过欺负的女孩更不理解。因此，要让男孩学会正确表达自己的情感，真诚坦率地与女孩相处。

与此同时，男孩进入青春期后，可能会出现两个极端，一是强烈想要与异性交往，对女孩有好奇心和好感，然后开始早恋；一是生怕被人说自己早恋，为了“避嫌”拒绝与所有女孩正常交往。事实上，这两种行为都是错误的，不利于男孩的健康成长，因此父母要多与他交流，让男孩更全面、清楚地认识异性，自然大方地与女孩交往。

早恋是玫瑰，美丽却有刺

有位作家说过，早恋是一朵带刺的玫瑰，我们常常被它的芬芳所吸引，然而，一旦情不自禁地触摸，又常常被无情地刺伤。

正在读高一的雨泽学习成绩在班里总排在前几名，可最近父母发现他有些神神秘秘，情绪还有点不稳定，有时情绪低落，不爱说话，有时又神采奕奕，满脸幸福的样子。而且，雨泽的学习成绩也有些下滑，周末不能安心在家学习，总借着与同学打球的借口外出。

雨泽妈妈觉得他可能谈恋爱了，于是便暗中跟踪调查了一下。果然，雨泽和同校一个女生恋爱了，对方高高瘦瘦的，很漂亮。每天早上上学时，雨泽都早出门十几分钟，到女孩家附近的路口等候，然后两人一起上学。每天下晚自习时，雨泽也是先把女孩送回家，然后自己再一个人回家。虽然两人没有逾矩的举动，但也会拉手、拥抱，很是亲密。

这天，雨泽父母决定和孩子沟通一下，妈妈直截了当地说：“孩子，你谈恋爱了吗？”

雨泽猛地抬起头，忙着否认，说：“哪有，没有……没有！”

雨泽妈妈笑了笑，说："不用说谎了，我已经知道了，那天看到你和一个女孩一起上学，举止很是亲密，还搂搂抱抱的。"

雨泽停顿了一会儿，说女孩是隔壁班的，两人之前在一起领奖时有过一面之缘，后来区里举行数学竞赛，两人代表学校参加竞赛，这才熟悉起来，再之后因为志趣相投就慢慢在一起了。雨泽说："我很喜欢她，可是也担心因为恋爱影响学习，我知道爸妈对我的期望很高，要是考不上好的大学，肯定会让你们失望的。"

听了雨泽的话，雨泽妈妈知道孩子并没有因为恋爱而失去判断能力。她温柔地说："儿子，你开始喜欢女孩了，爸妈很高兴，你长大了！而且，你没有忘记学习的任务，我也很欣慰！爸妈也年轻过，也知道喜欢一个人是什么感觉。但是，你知道该如何对待这一份爱情吗？你只是因为一时心动和她在一起，还是认为她是自己认定的那个人？

"我希望你考虑一个问题：你现在是学生，最重要的任务是学习，如果这个时候恋爱，耽误了学习，将来是不是会后悔不已呢？我想你也发现了，最近自己学习成绩下降了，情绪也有些不稳定。是不是那个女孩也是如此？

"我希望你现在好好学习，等到上大学后，再好好恋爱。那个时候，你们的学业没那么繁重了，心智也成熟了，更能享受爱情的甜蜜与幸福。不是吗？"

与妈妈交谈之后，雨泽思考了很久，第二天便与女孩进行了沟通，两人暂时不谈情说爱，把精力全部放在学习上。当然，两人可以正常来往，一起讨论学习上的事情，还共同制定了学习的目标、确定了想报考的学校。两年后，雨泽和女孩如愿以优异成绩考入北京一所名牌大学，也开始了一段校园爱情。

青春期的男孩对异性有好感，喜欢上一个人，是正常的。但是早恋是玫瑰，美丽但有刺。如果男孩早恋了，父母要引导他正确对待恋爱这件事。告诉男孩喜欢一个人的感觉，不是说想控制就能控制的。你可以喜欢一个人，但要理性地看待自己的感情，也要理性地看待学业和恋爱之间的关系。若不能处理好学业和恋爱之间的关系，导致成绩一落千丈，甚至耽误了高考，那就会刺痛自己、也会刺痛家人。

当然，也要告诉男孩不要觉得对异性有好感就是“坏人”，就产生一种负罪感或羞耻感。青春期的男孩喜欢优秀的女孩很正常，但是如果有负罪感和羞耻感，很可能会使得心理过于压抑，伤害到自己。

男孩，学会从暗恋中抽身

男孩小易以优异的成绩考上了一所重点高中。小易的父母非常高兴，为孩子感到骄傲，也为孩子向重点大学又迈进了一步而高兴。但是小易的妈妈发现小易好像不怎么高兴，情绪也比较低落，于是便问道："小易，你好像不怎么高兴？"小易回答说："没有，考入这所学校是我的梦想，如今已经如愿，怎么会不高兴呢！"虽然小易这样说，但小易的妈妈还是觉得他有些怪怪的。

过了几天，小易向父母提出要求，说想请几个初中同学聚一聚，毕竟大家都考入了不同的学校，之后见面的机会就不多了。小易的父母痛快地答应了，帮小易预定了饭店的一个包间，让他们好好玩一玩。去饭店前，几个孩子都到小易家集合，并且闲聊了一会儿。小易的妈妈并没有打扰孩子们，准备好水果零食之后就离开了。在此过程中，小易的妈妈发现小易的眼睛一直偷瞄一个女孩，还有意无意地靠近她。那女孩身材高挑、皮肤白净，笑起来很温柔。

小易的妈妈猜到小易可能喜欢这个女孩。于是在聚会结束后，小易妈妈找小易谈了话，用聊天的口吻问他："孩子，你是不是喜欢那个女孩？”小易马上满脸通红，矢口否认：“没……没有。”

小易的妈妈故意疑惑地说：“是吗？可是我感觉你喜欢她，难道我的第六感出了问题？”

小易低着头，好半天才说话：“是的，我喜欢她，可是她不知道，也没有人知道。”小易说那个女孩很好，对谁都非常温柔友好，能宽容体谅别人，自己在初二的时候就喜欢上她了。可是，他没敢表现出来，只是偷偷地关注她，然后借着讨论学习的机会和她说话。小易不知道这算不算恋爱，可是他知道自己每次看着她、和她说话就会心跳加速，有一种说不出的紧张和兴奋。

小易说：“上高中之后，我们就不在同一个学校了，之后很难见面了。说不定，以后就会成为陌生人……”他还表示自己举行这次聚会也是为了和女孩多接触……

小易的妈妈知道小易这是暗恋，不管对男孩来说还是对成年人来说，暗恋是甜蜜的，也是痛苦的。如果不能走出暗恋，或是解不开心中的结，那就很可能会影响自己之后的感情生活。于是，小易的妈妈及时引导小易正确面对自己的“爱情”，告诉他现在的第一要务是学习，他可以把这份喜欢留在心里，与女孩正常地联络、交往。如果考入大学后，还是喜欢她，而她又没有男朋友，可以大胆地表白。到那时，不管结果如何，都可以留下一段美好的记忆。经过妈妈的开解与引导，小易果真想开了，不再纠结。

青春期的男孩，喜欢或暗恋一个女孩，是正常的。在最开始暗恋的时候，那种想表白又不敢表白，想接触对方又不敢接触对方的感觉，让男孩又幸福又惶恐又纠结。所以，父母有利的引导，是让男孩平稳度过暗恋期的关键。

告诉男孩，暗恋一个女孩本身没有错，但是早恋对学业的影响是比较大的，尤其是在高中阶段，很可能会因为情绪不稳定而影响高考。面对暗恋，男孩要做出自己的选择，不能深陷其中，而应该把心中的喜欢转化为一种动力——更努力地学习，让自己变得更加优秀。这样一来，暗恋的对象才能注意到你，同时欣赏你，等到未来表白的时候才可以提升成功的概率。

当然，父母还应该让男孩知道：暗恋是一种价值观的体现，是自己对青春期情感的自我内心体验，是随着男孩的成长而改变的。现在你暗恋这个人，是因为她符合你的审美、价值观，但是随着你不断成长，可能很快就会发现这个人的缺点，进而不再喜欢她而喜欢另外一个人。所以，纠结于对方喜不喜欢自己，也只是折磨自己。

小心提防，男孩也可能遭遇性骚扰

初一男孩小凌最近精神有些紧张，总是心神不宁的样子，有时还对着父母欲言又止，学习成绩也下降了很多。小凌父母发现孩子情绪失常，一直问他遇到了什么事，后来小凌终于鼓起勇气说出遭遇的“怪事”。

前段时间，小凌被班上一个男同学拉去网吧打游戏，和一个已经工作的成年人组队升级，玩得很投机。这个成年人游戏玩得很好，还请他们喝饮料、吃零食，说有机会可以再一起组队玩游戏。后来，小凌和同学又上线玩了两次，那个成年人却极力要求加他们的微信，说等暑假时可以一起约着打游戏。同学爽快地答应了，小凌也没好意思拒绝。

一开始，那个成年人只是偶尔给小凌发个信息，问候他学习情况、成绩如何。后来小凌就感觉有些“不正常”了，他时不时发一些暴露自己隐私部位的照片，还讨论一些隐私部位的话题，还邀请小凌进行视频通话。最近几天，那个成年人还总是约小凌见面，说可以带他到高级酒店去玩，小凌想也没想就拒绝了。

小凌很困惑：自己是不是被性骚扰了？可是，男生也会遭遇性骚扰吗？他心里很不舒服，想向爸妈咨询，但是又不好意思。小凌正因为如此才精神恍惚、情绪不稳定。

听了小凌的话，父母很肯定地告诉他：“孩子，男孩也会遭遇性骚扰，而你现在正遭遇着。很多人认为只有女孩才会受到性骚扰或性侵犯，男孩不会，其实男孩和女孩都一样，只是对男孩的骚扰和侵犯更加隐蔽而已。你做得非常正确，有困惑就应该告诉父母，寻求父母的帮助，这样才能避免受到伤害。”

之后，小凌父母让小凌将那个人拉进了黑名单，并且让他与同学进行沟通，看他是否也遭遇了性骚扰，避免同学受到进一步伤害。同时，小凌父母对小凌进行了安慰与开导，也让他进一步了解性骚扰行为具有哪些特点，以及如何远离那些行为怪异的人。

在男孩的成长过程中，性教育是父母必须教给他们的一门功课。因为性骚扰是男孩女孩常遇到的一个问题，很多孩子都曾经遭遇过性暴力或性骚扰，包括被他人强迫亲吻或触摸隐私部位，以及言语上的性骚扰，而且男孩的比例可能比女孩还要稍高一些。

因此，父母绝不能忽视对男孩的性教育和安全教育，要让他知道男孩也可能遭遇性骚扰，如果他人的行为或言语让你不舒服或是感觉奇怪，就应该提高警惕，尽早离开。在男孩很小的时候，他没有办法理解什么是性骚扰或是性侵害，这个时候，一定要教会他与其他人保持界限感。等男孩长大一些，有了自我保护意识，一定要告诉他哪些行为属于性骚扰：触摸你的隐私部位；不怀好意地讨论你的隐私部位；向你展示色情照片、图书、影片；拍摄你的裸体照片、录像；向你暴露身体隐私部位；偷看你上厕所、洗澡；等等。

男孩需要明白，在你的生活中确实存在着可能会伤害你的人，这些人会利用哄骗、诱惑、假意关爱等行为来作为手段，达到骚扰和侵害的目的。同时，父母应该利用身边发生的案例，与男孩讨论什么样的人、什么样的行为会对他构成侵害，教会他遇到类似的情况应该如何去应对。

除此之外，还需要提高男孩的判断力和自我保护能力，让他相信：爸爸妈妈是世界上最爱你的人，也是最能帮助你的人。有困惑或是遇到了伤害，要及时向父母倾诉，正确面对事情，这样事情才不会持续恶化。

喜欢上自己的老师，该怎么办？

初二的小白人如其名，是个白白净净的男生。小白聪明好学，笑起来很温柔。小白的整体学习成绩很好，只有英语成绩不太好。因为他不喜欢英语老师，嫌英语老师太严厉、古板，而且英语老师总是喜欢当众批评和指责学生。虽然父母总是引导小白，说老师严厉一些是为了学生好，不能因为老师严厉就讨厌老师，更不能因为这样而讨厌学习英语。同时，父母还给他讲偏科的坏处，讲提高弱势学科的成绩很容易，提高优势学科的成绩很困难，等等。然而，效果并不明显。

不过让小白父母没想到的是，到了初三上学期，小白却喜欢上学英语了，而且英语成绩也直线上升。这是因为班里来了一位新英语老师。新英语老师是个年轻大方的女教师，喜欢笑，待学生就像朋友一般。新老师与原来的老师形成鲜明对比，小白一下就喜欢上了她，自然也就喜欢学英语了。

这令小白父母很高兴，可是没高兴多久，小白妈妈就又发起愁来。小白好像发生了微妙的变化，变得爱打扮了，时常换新衣服，而且还给头发弄造型。小白妈妈得出结论：小白早恋了。于是，小白妈妈开始留意小白，竟然发现他喜欢上的人是英语老师。

究竟该怎么办呢？小白妈妈感到问题很棘手，只能和小白爸爸进行沟通。小白爸爸说："很多情窦初开的男孩会喜欢上温柔美丽的女老师，这是一种正常的现象。我们不能大惊小怪，更不能指责孩子，否则只会给孩子带来伤害。孩子现在处于青春期，对异性很好奇，而女教师比同龄人更成熟、更动人，所以他才会产生一种特殊的感情。我们需要帮助他树立正确的爱情观，让他懂得什么是真正的爱情，教他正确、理智地认识对老师的'爱'。"

在校园中，除了和同学朝夕相处，男生接触最多的就是老师。而一些年轻的老师不像年龄大的老师一样严肃、古板。这些年轻的老师富有激情，把学生当作朋友一般，会开玩笑，会平等地交流，也会谈心。所以，学生也更容易对这样的老师产生好感。再加上，处于青春期的男孩对异性产生好奇，渴望了解和接触异性，于是一些男孩就会对女老师产生爱慕之情。

这个时候，父母应该多与男孩进行沟通，了解他内心真实的想法和情感。如果男孩只是把好感错认为爱情，或是错把崇拜当作爱情，就应该引导他正确认识爱情，告诉他真正的爱情是什么感觉，也可以和男孩谈父母年轻时是如何相爱的，进而帮助他树立正确的爱情观。

如果男孩真的喜欢上自己的老师，也不应该训斥和责怪，而应给予他足够的尊重，尊重他的情感。父母应该告诉男孩"恋师情结"是处于青春期的青少年可能产生的一种正常的阶段性心理现象。让男孩知道，喜欢一个人不是错，也不要过度压抑内心的情感，否则很容易产生自我心理失调，诱发某些精神症状或病态人格。告诉男孩应该把这种美好的情感转化为学习的动力，以学业为重，因为“你现在只是孩子，第一要务就是学习”。

同时，男孩不善于与人交往，与同龄人交往不畅，也是产生“恋师情结”的主要原因。所以应该要让男孩多与同龄人交往，积极参加丰富多彩的集体活动，比如旅行、社团活动等。

正确看待遗精

男孩大龙今年 14 岁了，平时大大咧咧，乐观积极，很受同学和老师的欢迎。可是，最近大龙一连好几天都沉默寡言，除了吃饭其他时间都待在自己房间里，不愿与父母说话，还回避妈妈的眼神。

一天，大龙妈妈进入大龙房间帮他打扫房间，发现了床单上有些许精液的痕迹。这下，大龙妈妈发现了问题所在，便与大龙爸爸进行了沟通，希望他与大龙好好地交谈一下。当天晚上，大龙爸爸便主动找大龙交谈，询问他是否出现了遗精的情况。

大龙和爸爸说前几天早上自己突然从梦里惊醒，醒来之后发现自己的内裤竟然湿了一片。一开始自己并没有在意，以为自己是遗尿了，可是没两天这样的事情又发生了。大龙苦恼地说："爸爸，我这是怎么了？难道我是生病了吗？这件事困扰了我好几天，我整天都担惊害怕，晚上睡不着觉，白天上课也没有精神。而且我感觉现在自己的记忆力下降了，学习成绩也在迅速下降……"

听了大龙的话，大龙爸爸安慰道："傻孩子，这是遗精，是正常的生理现象。这是青春期性成熟的标志，这可能是你最近学习压力过大而引起的。事实上，当男孩进入青春期后就会在无性意识的情况下自发地射精，大多发生在晚上做梦的时候，所以你没有必要紧张和害怕。”

接下来，大龙爸爸给大龙上了一堂生理卫生课，并且有意识地培养大龙其他方面的兴趣爱好，缓解其学习上的压力。

男孩进入青春期之后，生理已经逐渐发育成熟，但是性心理还没有成熟，再加上缺少性教育、生理卫生教育，所以第一次出现遗精时就会紧张、惶恐、忧虑，好像这是可耻的事情，不敢和父母说，还可能会胡思乱想，导致精神压力越来越大、情绪越来越低落。因此，父母要尽早给男孩进行性教育和生理卫生教育，让他们知晓自己身体的重要变化。要结合男孩生理发育的情况，及时对其进行较为深入的性知识教育。让男孩正确认识男女第二性征的表现及差异，了解两性生殖器官的构造及作用，进而让男孩重新认识自己、接纳自己。

必须让男孩知道，在人的生长过程中，身体要经历生长、发育、成熟、衰老等多个时期的变化。遗精，就是男孩青春期性成熟的标志，可能是因为压力过大导致的，也可能是体质虚弱引起的，还可能是性器官或泌尿系统的局部病变而引起的。所以，男孩必须对遗精有一个正确的认识，没必要紧张、惶恐，而应学会坦然地面对。

很多男孩进入青春期后会产生性好奇和性冲动，在接触过一些低俗、色情的读物、视频后，也会导致遗精的发生。父母需要帮助男孩培养良好的生活习惯，引导他多参加一些体育活动，增强身体素质，同时让他作息规律，避免长时间熬夜。

当然，父母还有义务教育男孩学一些生理卫生知识。父母应该告诉男孩发现遗精后要擦洗干净，及时更换内裤。告诉男孩要经常清洗内裤，勤洗澡，注意保持外生殖器的清洁，经常翻转包皮，清洗其中的污垢。不让男孩穿过紧的内裤，因为内裤过紧会增加对阴茎头的摩擦，容易引起性冲动。

远离坏孩子，避免“近墨者黑”

不管是男孩还是女孩都需要朋友。有了朋友，男孩才能打开心门，感到温暖、善意和友情，才不至于孤独寂寞。然而，交友也是男孩需要面临的考验，因为大部分男孩天性善良，没有什么分辨能力，尤其是处于青春叛逆期的男孩，世界观、人生观、价值观还没有真正形成，心智和思想还不成熟，很容易被身边的朋友影响。一旦与习惯不良、行为不正的坏小孩过于亲近，就很可能染上坏习惯和坏行为，在错误的道路上越走越远。

14 岁的西西一直都是个乖乖的大男孩，平时学习踏实认真，还喜欢踢足球。在生活方面，西西也很善解人意，对同学友好，对父母体贴。后来，西西踢球时遇到几个外校的男孩，那几个男孩不爱学习，行为也有些叛逆，逃课玩游戏、打架是家常便饭。同时，这几个男孩还欺负低年级的孩子，时常强行让低年级孩子带钱给他们，如果对方不照办，就会挨打。

慢慢地，西西也和他们混在一起，一起逃课玩游戏，一起到处吃喝玩乐。一开始，其他人欺负低年级的孩子，他还觉得有些过分，还尝试着劝阻。后来，他也就漠然了，成了旁观者。一次，西西和那几个男孩一起约好去踢球，路上又遇到几个低年级男孩，其他人都生了坏心眼儿，说“弄一些钱，买些冷饮和零食”。

不知道为什么，这几个低年级男孩反抗了，而且还与西西这帮人发生了很大冲突。两拨人推推搡搡，不知道谁拿出了一把刀，也不知道刀为什么到了西西手里，结果，一个低年级男孩的腹部被刺了一刀。

很快，那个受伤的男孩被送进了医院，好在伤口不深，没酿成严重后果。最后，西西父母又是赔礼道歉，又是积极赔偿，对方父母才答应提供谅解书。因为西西未满 16 周岁，才免于负刑事责任。

青春期的男孩与童年期的男孩不同，他们不再依赖父母，而是渴望得到朋友的关注与理解，渴望走向社会，建立自己的社交圈。所以说，青春期尤其是叛逆期男孩的交友是至关重要的，它能帮助男孩重新构建自我，也会促使男孩走向“毁灭”。

古人说:“近朱者赤，近墨者黑。”男孩自我意识高涨，叛逆心严重，很容易结交一些“坏孩子”，因此也容易被影响和“污染”。所以，男孩需要去交际，结交不同的朋友，但是父母需要引导他谨慎交友，避免交上品行不好的朋友。当然，这里说的不好的朋友，不是那些学习不好的孩子。成绩的好坏与是否值得交朋友没有多少关系。只要一个人积极乐观，有优点，就算学习不好，也是可以结交的。

除了让男孩远离坏孩子，父母还应该教他掌握交友的准则与方法，交三观一致、兴趣相投的朋友。如果三观一致、兴趣相投，那么相处起来就会很愉快；相反，就很难有共同语言，关系也是短暂的，甚至将来还可能发生大的冲突。

如果男孩身边真的有了坏孩子，并且对男孩产生了消极的影响，父母也不能直接指责："你为什么不学好，要和那些坏小孩来往？……我对你太失望了！你必须远离他们！"这样往往会起负面的作用，引起男孩的抵触心理。相反，若是帮助男孩树立正确的交友观，引导他分辨什么是对什么是错，增加男孩的其他社交活动，引导他认识更多优秀、有趣的朋友，便可以让他慢慢远离坏孩子，防止自己受到影响和伤害。

总之，由于男孩的心智发展不成熟、辨别是非的能力比较弱，父母需要引导他树立正确的交友观，而且有责任教他与人交往的原则和方法，避免"近墨者黑"，从而让其更好地成长。

第九章

男孩的“安全守则”，别让青春留下遗憾

男孩要想避免自身受到伤害，就要借助家庭、学校和社会的帮助，但是更多的是要靠自己的智慧与力量。成长中的男孩只有学会为自己制定一些安全守则，才能迎接各种挑战，不让青春留下遗憾。

管住脚，见到井盖不要踩

一个周六下午，男孩硕硕的爸爸带着硕硕参加完跆拳道兴趣班回来。下车后，两人一前一后走着。到了楼门口，硕硕突然大叫一声“哎呀”，硕硕的爸爸一转身，发现硕硕的脚卡在下水道里。井盖已经松动，一端陷入下水道一端翘了起来。

硕硕的爸爸立即跑过去搬动井盖，把硕硕拉了上来。幸好硕硕只是踩到边缘，引起了井盖的轻微侧翻，要是踩得靠里一些，引起井盖失去平衡完全侧翻，他可能就掉入下水道了，就会遭遇更大的危险。

爸爸安慰了硕硕一会儿后，开口问道：“有好好的路你不走，为什么要踩井盖呢？”

硕硕低着头说：“我没注意到，而且平时我踩的时候也没事呀！”

回到家后，爸爸向妈妈说了这件事，这才知道这孩子每次经过井盖时，都会好奇地踩上去。硕硕的妈妈会不时提醒他不要踩井盖，但硕硕还是记不住，或者说抑制不住自己的好奇心，有时还趁妈妈不注意时在井盖上面跳一下。

硕硕的爸爸认为这是一次教育硕硕的好机会，就说：“你是提醒过他，但是并没有引起他的注意，也没有让他意识到危险性。而且男孩都有好奇心和叛逆心，大人越说不能做什么，他就越要好奇地去做，就越要故意尝试着去做。提高孩子的安全意识，不能靠说教，而是应该结合孩子的特点，用他能理解的方法去引导他。我们还需要教会孩子如何思考、如何去处理实际的问题，这样他才能记住这些安全守则。”借这个机会，硕硕的爸爸向儿子说明了踩井盖的危险性。硕硕的爸爸还给硕硕看了一个小男孩踩井盖时，井盖突然翻过来，小男孩掉了下去的视频，让他思考这样是否危险，之后应该怎么去做。亲身经历加上父母的引导与教育，让硕硕也提高了安全意识，记住了“不踩井盖”这一安全守则。

井盖在小区里和大街上随处可见，这对于几岁的男孩来说，是个有趣的东西。他们想知道井盖是什么，又是做什么的，为什么踩上去会发出不一样的响声。于是，在路过时，他们会不由自主地去踩一踩，或是看到其他男孩去踩了，自己也要试一试。

然而，如果井盖出现破损老化的现象，或是盖得不牢，就存在巨大的安全隐患。男孩一脚踏空，就会掉进下水道，轻则受伤，重则会有生命危险。所以父母一定要告诉男孩：井盖存在潜在的危险，见到井盖千万不要去踩，更不要在上面蹦蹦跳跳，应该有意识地绕开它。

同时，对男孩的安全教育应该在平时一点点地灌输，而不是说教。教育男孩要遵守日常的生活和出行规则，避免一个人外出时因为好奇心而做父母不允许做的事情或是去冒险。

别让恶作剧，成为作恶的工具

大课间活动后，小浩回到教室拿起放在课桌抽屉里的保温杯猛喝了几口。可是他感觉水的味道不对，一看杯里的水竟是黑色的，嘴里也被染黑了。小浩赶紧跑到洗手池去吐，但是什么也没吐出来，只能用自来水漱口。可是，牙齿上的黑色还是洗不掉，老师知道情况后，立即联系了小浩的爸爸，并在班级里调查这到底是谁干的。

经过一番调查，老师了解到实情：原来这是小硕的恶作剧，他说今天是愚人节，想和小浩开一个玩笑。经老师和家长教育后，小硕也向小浩道歉了。

然而当晚小浩就感觉肚子疼，父母赶紧把他送到医院检查。医生认为可能是中毒了，因为墨汁里有很多有毒的化学成分。虽然孩子喝下的剂量并不多，但还是对身体有一些损害。之后，医生为小浩洗了胃，开了药，观察了一晚，才确认没什么大碍。

事后，小浩的妈妈决定找小硕的父母和老师，希望他们能好好处理这件事。可小浩的爸爸却说："人家已经道歉了，而且这只是孩子的恶作剧，我们没必要再兴师动众了吧！"

小浩的妈妈严肃地说：“我不认为这是兴师动众，孩子受了委屈和伤害，我们就需要成为他坚实的后盾，教他如何维护自己的权利和保护自身的安全。或许这次的恶作剧，对方是没有恶意的，但是你不能说所有小孩的恶作剧都是没有恶意的。生活中，就是有一些坏心眼儿的熊孩子，把恶作剧当成是作恶的工具，打着所谓‘开玩笑’的幌子来欺负其他人。如果这一次我们不教孩子正确地处理问题，恐怕之后就算真的遇到有恶意的恶作剧，甚至是遭遇校园霸凌，他也只会选择忍受，不知道如何保护自己。”

小浩的爸爸听了这话，也陷入了沉思。第二天，小浩的父母找到了小硕的父母和老师认真讨论了这次事件。最后，小硕在班级里做了检讨，并郑重向小浩道歉。同时，小浩的父母还告诉孩子：同学们之间的小打小闹，可以不用当真，但是恶作剧、玩笑过了头，那就是有恶意。如果受到同学恶意的捉弄、推搡、言语嘲笑，你就应该勇敢起来，保护好自己。

在大人看来，小孩子都喜欢调皮捣蛋、搞恶作剧，这是天性使然。孩子之间的恶作剧，比如拉一下头发、放一个小蜘蛛在书包里或是在同桌站起来回答问题时偷偷地把凳子挪开，都是没有恶意的，没什么大不了。然而，孩子的有些不当行为都是在“恶作剧”的心理下进行的，有些看似“无伤大雅”的恶作剧也成了熊孩子、坏小子欺凌、霸凌其他人的工具。当孩子成为被同伴“恶作剧”捉弄的对象，父母应该重视起来，给予正确、及时的引导和支持。

父母需要教男孩分辨什么是善意的玩笑、什么是恶意的恶作剧。就算别人的恶作剧没有恶意，如果恶作剧过了头，要让男孩学会表达自己的不满和愤怒，及时制止对方的行为："我不喜欢这样！"而不是一笑了之。如果对方有恶意，并让男孩受了伤，父母更应该站在男孩的身后，教他先冷静下来，摆脱对方的欺负和捉弄，或是大声寻求同学、老师的帮助，或是大胆地跑开，但事后必须告诉老师和父母，寻求大人的帮助。男孩只有懂得自保，懂得反抗，才不会成为被欺凌的对象。

赌博游戏，碰了就害了自己

中考之后，男孩博宇难得有一个轻松的假期，在和几个同学一起旅行十几天后，就闲在家中，玩游戏也成了他主要的消遣。博宇父母并没有多管束孩子，因为之前为了考上好的高中，孩子学习的确很辛苦，压力也非常大。这短短一个月，他们想让孩子放松一下，享受属于自己的假期。但是，博宇却接触了一个赌博游戏，而且还输掉了妈妈的好几万元钱。一次偶然的机会，博宇在一个游戏网站上发现了一款模拟现实经营的游戏，这个游戏有赌博性质，玩家需要购买资产，然后通过掷骰子来拍卖地皮，建造房屋与旅馆并可以进行交易，等等。一开始博宇只是抱着玩玩的心态，可后来越来越上瘾，输的钱也越来越多。

那么这么多钱是哪里来的呢？其实也怪博宇的妈妈粗心大意，博宇妈妈喜欢在网上购买衣物、零食、家居用品等，有时也会让博宇帮忙，还把银行卡绑定在博宇的微信上。因为博宇的父母没有限制博宇玩游戏，又能让他自由地使用银行卡中的钱，所以才导致他闯下了不小的祸。更为重要的是，作为未成年人，博宇迷上了赌博游戏，这个危害是非常大的，沉迷赌博游戏之后，孩子将很难从中抽身，不仅会浪费学习时间，严重影响学业，还可能滋生很多不良心理和行为，比如好逸恶劳、投机取巧、不思进取等，久而久之会使他们的人生观、价值观都发生扭曲。

因此，博宇妈妈很忧虑，急于想办法让博宇远离赌博游戏。她给孩子上了一堂教育课，让他认清了那个游戏的赌博性质和赌博的危险，同时带着他来了一场亲子旅行。在这次旅行中，博宇远离网络和游戏，参观了诸多名胜古迹，受到了中国传统文化的熏陶。博宇父母还与博宇谈理想，谈未来想成为什么样的人、想考入哪一所大学，进而帮他树立了近期和远期的目标……

幸好博宇并没有真正沉迷于赌博游戏，经过父母的耐心教育和开导，很快就远离了它。

青春期正是男孩长身体、长知识、学本领的最好时期，也是逐渐形成正确人生观、价值观、世界观的关键时期，如果沾染上赌博，是非常危险的，轻则荒废学业，影响身心健康，重则会走上违法犯罪的道路。

不管是网络上具有赌博性质的游戏还是现实生活中的赌博（比如学校附近出现的“刮刮乐”“盲盒”等类似于博彩的小玩意儿），它们就像是从潘多拉盒子里逃出来的“魔鬼”，一旦沾染上了，就很难抗拒它们的诱惑。因为未成年人的自控力和意志没有那么强，再加上他们更倾向于追求刺激，越是不了解、没尝试过的东西，往往越容易引起他们的欲望，让其产生试一试的念头，于是便会轻易陷入其中。

因此，父母必须向男孩说清楚赌博的危害，告诉他一些具有赌博性质的游戏是不能尝试的。如果发现男孩玩赌博游戏，不管是买一些类似于博彩的小玩意儿还是在网上玩一些小游戏，都需要给予及时引导，让他对赌博的危害有深刻的认识。如果发现男孩受不良朋友引诱，一定要让他远离不良朋友，并引导男孩参加一些丰富有趣的活动，把他的兴趣和精力都引导到积极向上的活动上来。

当然，父母还要控制男孩的零花钱，引导他有计划地使用零花钱，并且把它用在有意义的事情上；尽量避免让男孩接触父母的银行卡，不告知其父母的手机支付密码。

被同学勒索，不该忍让

何潇是个性格内向的老实孩子，看上去比同龄男孩要矮一些、瘦弱一些。何潇虽然学习成绩非常优秀，但不善于交际，也没有要好的朋友。因为怕何潇受欺负，父母总是多给何潇一些零花钱，让他参加同学的活动，多交一些朋友。但是，最近父母发现何潇的零花钱越花越多，有时一周就要一百多元，而且还出现了从家里开的超市偷拿钱的情况。因为超市每天的现金流水最少几千元，每次少几十元是很难被发现的，所以父母并没能及时发现何潇的行为。

直到一天中午，何潇又在超市收银台里拿钱，恰好被爸爸发现了。首先爸爸严厉批评了何潇，指出偷拿超市的钱是错误的行为，之后又追问了他为什么花钱这样大手大脚。一番追问下，何潇说出了实话：班里几个同学觉得他老实好欺负，从四年级开始就时不时地勒索他，不是让他给自己买饮料零食，就是直接向他要钱。之前勒索的钱少一些，每次都是几块十几块，而现在少则数十元多则一百元，所以何潇的零花钱远远不够了。

何潇爸爸很气愤，问道：“那你就一直忍气吞声吗？为什么不反抗？为什么不告诉老师和爸爸妈妈？”何潇低下头，不说一句话。很显然，那几个同学就是认定他不敢反抗，所以才会欺负他勒索他，并且变本加厉。

第二天，何潇的爸爸就找到学校，向其班主任反映了孩子被勒索的事情。学校领导很重视这件事，找到那几个学生和家长，三方坐在一起进行沟通和协调。但是那几个同学却不认为这是勒索，还说：“我们没有强迫他，也没有因为要钱而打他，只是因为关系好而让他请客而已。有时是他主动请我们的，还会主动借钱给我们……他是愿意给我们钱的，如果不愿意，他为什么不说呢？”

在几个男孩看来，这不算是勒索。但事实上，所有大人都知道，向同学索要钱财这样的事情，已经构成了勒索，甚至是校园霸凌。学校领导和班主任批评教育了几个男孩，这几个孩子的家长也向何潇的爸爸道歉，并且表示会偿还索要的钱。但是，何潇的爸爸知道，更重要的是对何潇的教育和引导。

在成长过程中，男孩越是内向，越不敢反抗他人的欺负，或是觉得自己不应该反抗，就会越来越自卑，越来越不知道如何维护自身利益和保护自身安全，进而遭到越来越多的欺负。因此，父母要教育男孩保护自己的人身财产安全，一旦碰到人身财产安全方面的侵害，要大胆地反抗，拒绝对方的无理要求。若是对方以大欺小、以多欺少，要及时向父母、老师报告，求得大人的支持和帮助。

告诉男孩，不管是班里同学还是班外同学，若是借口与你关系好，总是向你借钱或是让你请客，都不要天真地去照做。因为真正的朋友不会只看重你的钱，更不会因为你不借钱、不请客而疏远和排挤你。

若是有人向你索要钱财，不给就欺负或威胁你，把你留在教室里不放你走，或是在半路上拦截你，应该立即告诉老师和父母。因为你越是忍气吞声，对方就越会变本加厉。

总之，帮助男孩树立自我保护意识和维护人身财产安全的意识，教会他不能一味地承受伤害，适当的时候可以反击，及时寻求老师或者父母的保护，这样才能保护自己的人身财产安全，不让自己生活在委屈和惶恐之中。

珍爱生命，远离毒品

一天，高中男孩于敏的父母接到班主任的电话，说于敏和其他两个同学在上课时精神非常亢奋，任课老师多次提醒，他们仍不能安静下来。三人的家长赶紧将孩子带到医院检查，结果医生鉴定后认为三人可能吃了“摇头丸”，是“摇头丸”诱使他们的精神高度亢奋。

于敏的父母非常震惊，于敏平时并没有接触不良朋友，怎么会吸毒呢？之后，医院给于敏和他同学洗了胃并进行了治疗。询问之后，于敏等人交代了事情的经过：上个周末时，他们三个人相约来到一个KTV唱歌。期间，他们发现了几个和自己年龄差不多的男女唱跳得非常兴奋，于是也去和这几个人唱跳了起来。不一会儿，两伙人交谈起来，于敏他们得知那几个人吃了一种“小药丸”，所以才能享受“愉快兴奋的感觉”。

在好奇心的驱使下，于敏找那几个人要了三粒药丸，准备尝试一下。一开始三人还不敢吃，后来经不住那几个人的引诱和怂恿，便下决心吃了下去。果然，三个人兴奋起来，痛痛快快地在KTV玩了个够。分别时，那几个人又给了他们好几粒药丸，而三个人开始喜欢上这种兴奋的感觉，在课间活动时竟然每人吃了一粒。这才发生了之前的事。

于敏他们三人知道这药丸是“摇头丸”，是一种软性毒品后，都非常后悔，并表示之后再也不会因为好奇心而尝试这类东西。三人的家长也对孩子进行了教育，让他们了解了一些常见的毒品，并明确告诉他们毒品是绝对不能碰的，否则就会彻底毁掉自己的人生。

青少年正处于生理、心理的发育时期，好奇心重，没有足够的辨别是非的能力，同时对于毒品及其危害性缺乏认识，最容易成为毒品的受害者。事实上，很多男孩往往因为好奇心、赶时髦或是受朋友引诱而吸毒，所以，一定要尽早让男孩了解防毒、禁毒的相关知识，把“绝不碰毒品”这样的价值观传达给他，让他知道吸毒、接触毒品是绝不能容忍的行为，是绝不可突破的底线。

在成长过程中，男孩可能会受网络、电视等信息的影响，对吸毒感到好奇；或是受到一些劣迹艺人的影响，效仿“偶像”的吸毒行为。如果发现这样的现象，就必须明确告诉他这是错误的、违法的。可以给男孩看一些禁毒宣传短片，或是讲一些禁毒民警的英雄事迹，使防毒、禁毒的观念深入男孩的内心。

而一些男孩可能会因为受到挫折和打击而接触毒品，比如成绩不好、与父母发生矛盾、与朋友闹翻了等。这就需要父母多关心男孩，多与他沟通，引导其利用积极健康的方式来排解压力，而不是靠吸毒品来“放松一下”。

吸烟、喝酒，并非酷

小宇是个高大秀气的男孩，性格比较内向，朋友比较少，但是他内心渴望交到更多朋友。一次，小宇参加一个同学的生日聚会，看到许多同学都手里拿着烟、端着酒，一副很酷的样子。

小宇刚落座，旁边的同学就给他倒满酒，还递给他一支烟。小宇忙摆手拒绝，说自己不会抽烟和喝酒。几个同学起哄说：“不会，可以学呀！谁没有个第一次！而且，大家都抽烟喝酒，你不抽烟不喝酒，岂不是不合群？”

周围同学也纷纷附和，说：“男子汉，哪有不抽烟喝酒的！你扭扭捏捏的，太不‘爷们儿’了！”“是啊！这不是很酷吗！”说着，几个男孩像大人一样吞云吐雾，表现出一副成熟的样子。看着这些，小宇不知道如何拒绝，而且感觉他们说得似乎也有道理，于是他也不再抗拒，尝试着抽一口烟、喝一口酒，虽然被呛得直咳嗽，被辣得眼泪都流出来了，但是也慢慢地“融入”了大家。

慢慢地，小宇的朋友多了，时常和他们聚会，自然也学会了抽烟喝酒。他隐藏得非常好，好长时间也没被父母发现。但是纸终究包不住火，一天小宇妈妈为他洗衣服时，闻到了浓烈的烟味儿，还在他的手袋里找到了半包他忘记藏起来的香烟。小宇不得不承认，说自己学会了抽烟喝酒，而且好像已经有了烟瘾，哪天不抽就感觉不舒服。

为此，小宇爸爸与小宇郑重地进行了交谈，告知他吸烟喝酒伤身。香烟中含有大量尼古丁、焦油和一氧化碳，会严重影响未成年人尚未发育成熟的大脑，导致智力发育受到影响。而酒精也是如此，进入未成年人大脑后，容易对大脑细胞产生抑制或损害，致使其智力发育迟缓、记忆力减退。喝酒还很容易引发消化不良、胃炎等疾病，影响未成年人的肝功能正常发育。

小宇爸爸对小宇说："孩子，你知道我也抽烟，也有烟瘾，但是我知道这是有害健康的。这样吧！爸爸和你一起戒掉它，好吗？"在爸爸的引导和影响下，小宇终于戒掉了吸烟，也不再喝酒，又重新变为那个懂事乖巧的大男孩。

虽然学校和父母三令五申，但还是有不少男孩学会了抽烟喝酒。有的因为好奇心驱使，有的则觉得这很酷、很"爷们"，是自己已经成熟的体现。可事实上，这是不良行为，父母要告诉男孩抽烟喝酒并非酷。实际上，别人看你抽烟喝酒，反而会觉得你很脏、很丑。没有人喜欢别人在自己身边抽烟喝酒，也没有人喜欢一个满是烟味、酒味的男孩。

要让男孩知道，成不成熟和抽烟、喝酒没有任何关系，真正的成熟是心态、心智的成熟。"爷们"不"爷们"也和抽烟、喝酒没有任何关系，只要勇敢、有责任心、敢担当、能为自己的行为负责，那就是"爷们"。

同时，父母要让男孩知道吸烟喝酒都是不良行为，很可能导致烟酒成瘾，而且烟酒都对身体有较大危险，还会导致男孩人际关系、学业等受到影响。父母需要引导男孩多参加有益的运动和活动。通过这些方式帮助男孩远离烟酒；帮助他成功地戒掉烟酒；帮助他远离那些有不良行为的伙伴；帮助他识别哪些朋友是该交的，哪些朋友是不该交的。

远离烟酒，男孩的青春才是积极向上的，他们也才能健康快乐地成长，交到更多的真正的好朋友！

别因一时冲动，成为伤害女孩的元凶

身处青春期的男孩女孩对一切充满了热情，也充满了幻想与困惑。因为对性充满了幻想和好奇，加之一些外界因素的影响，不少男孩女孩会谈恋爱，会一时冲动偷尝禁果。过早偷尝禁果，对于男孩女孩都会造成很大的伤害，尤其是对女孩，伤害会更大。

齐磊是个高一男孩，热情阳光，还是个运动健将，在班级里很有人缘。处于青春期的男孩很容易情窦初开，齐磊也是这样。他喜欢上了班里一个文静的女孩，很快两人就恋爱了。

和很多处于青春期的男孩一样，因为对异性有强烈的好奇，齐磊在网络上接触到了一些色情图片，也对那个女孩打起了“坏主意”。一个周末，齐磊约那个女孩到公园游乐场玩，之后还把她约到自己家——当天他父母外出看望亲戚，并不在家。那个女孩也没多想，痛快地答应了齐磊的要求。和喜欢的女孩独处一室，齐磊一时冲动与对方发生了性关系。

齐磊和女孩的关系越来越好，俨然是“甜蜜”的情侣。而在交往中，两人多次在家中卧室和宾馆房间发生性关系。但是，因为缺乏正确的性知识教育，齐磊与女孩发生性关系时并没有采取保护措施，后来，女孩连续 3 个月没来月经，有点担心地找齐磊商量。两人都不知道怎么办。后来，两人在网上查询了相关情况，买来试孕纸一测，才知道女孩怀孕了。

确认怀孕后，两人非常害怕，不知道如何处理这件事，更不敢告诉父母。为了不让父母和其他人发现，女孩尽量穿一些宽大的衣服，而男孩也开始想办法向父母要钱，向同学借钱。但是女孩的异常怎么能瞒过父母的眼睛，女孩的妈妈很快就发现了女儿怀孕的事情。

而直到女孩父母找上门来，齐磊的父母才知道儿子闯下了大祸。看着齐磊因为一时冲动，成了伤害女孩的元凶，齐磊的父母很是后悔和愧疚，后悔自己没有尽早对儿子进行性教育，导致他缺乏担当和责任意识，不懂得如何尊重和保护女孩。

处于青春期的男孩有性冲动、性欲望，如果再接触一些色情信息，或是情绪不稳定，其性冲动会表现得更为强烈。这是正常的反应，但是如果男孩缺乏性知识、性观念，不懂得如何克制自己的冲动，就会为了满足一时的私欲而毁掉女孩和自己的未来。

因此，父母必须尽早对男孩进行性教育，并且教男孩学会担当和负责任，学会尊重、保护女性。要引导男孩把精力和时间放在学习上，与异性进行正确的交往，多进行积极健康的体育运动，专注做一些自己感兴趣的事情，避免看一些带有性刺激内容的书刊、图片、视频，减少性冲动的产生。引导男孩树立正确的爱情观、感情观，认识到喜欢一个女孩是一种正常心理，但是早恋必然会影响学业，耽误大好的青春年华。如果男孩喜欢上女孩，并且确立了恋爱关系，父母也应该正确地对待，积极引导男孩掌握必要的健康知识、性知识以及法律知识，告诉他不要太早偷尝禁果。

更重要的是，必须让男孩知道性行为不是游戏，而是生殖行为。男女有了性行为，就可能导致女孩怀孕、流产、生殖器官疾病等一系列问题。这可能会给女孩带来身体和精神上的痛苦，给女孩未来生活、身体健康带来很大伤害。男孩只有成为有责任感、有修养、有理性的人，学会用理性和毅力克制住自己的冲动，才不会因为冲动和无知而伤害到女孩和自己，才不会让青春蒙上一层灰色。

那些地方，谁也不能碰

最近畅畅的妈妈看到一条新闻：某中学 10 多名男生受到该校男老师的猥亵和侵害。这名男老师多次把男生叫到家和宿舍，借着辅导作业或谈话的名义对学生下手，摸学生的隐私部位，甚至进行性侵害。

这些男生或是受了威胁，或是受了蒙骗，虽然都非常反感这样的行为，但是都不敢反抗，也不敢告诉家长。后来，一名家长发现了自家孩子不对劲，经过多次沟通和劝说才获知事情真相。这位家长立即报了警，而经过警察调查，发现受害者竟然有 10 多名男生。

看到这样的新闻，畅畅的妈妈十分震惊、非常愤怒，但是也意识到对孩子进行性教育的重要性。畅畅今年 5 岁，上幼儿园大班，平时与其他小朋友玩耍，看到其他小朋友掀开上衣或是脱裤子，他也会跟着去做。

畅畅的妈妈知道，这是孩子觉得好玩，是无意识的举动。她会告诉孩子，这是不文明的行为，但是没有告知为什么，也没有做进一步的性教育。这之后，畅畅的妈妈开始重视起来，每一次帮他洗澡或换衣服时，都会告诉他生殖器官和身体的有些部位不许任何人摸。如果有人摸了，一定要告诉爸爸妈妈。

畅畅的妈妈每天都会观察畅畅的身体，如果发现身上有地方泛红，会仔细地询问发生了什么事。与此同时，她会用聊天的方式来询问畅畅是否有人摸他的身体，有没有人对他做一些奇怪的事，等等。

在接受过妈妈的性教育之后，畅畅懂得了保护自己，抗拒和陌生人、“熟人”有肢体上的不良接触，也知道如何保护自己的隐私部位。

性教育是孩子必须要上的一课，而且进行得越早越好。不要认为男孩很安全，就忽略了对男孩的性教育。要知道，男孩和女孩一样，也可能会遭受性猥亵和侵害，受到侵犯时，他们的心理创伤甚至比女孩还要大。

男孩在成长过程中，只有了解了性知识，知道什么样的行为是对自己的侵害，才能保护好自己。从两三岁开始，男孩就有了性别意识。要让男孩学会保护自己，还需要教会他识别坏人，让他明确知道什么样的人是坏人，什么样的人需要去防范。要让男孩知道隐私部位就是内裤和背心罩着的地方，比如性器官、屁股、大腿内侧、胸部等。一定要让男孩明白，这些地方是绝对不能让任何人接触的。

父母还需要给男孩设定一个界限，告诉他什么样的人是可以抱他的，什么样的人是可以亲他的。父母要告诉他：除了爸爸妈妈，任何情况下都不能让其他人看你身体的有些部位，更不能摸。如果有人要看、要摸，你一定要说“不”，大喊大叫，然后找爸爸妈妈或自己信任的老师、大人帮忙。

一定要让男孩明白：如果真的遇到猥亵或遭到侵害，要保持冷静，能拒绝要坚决拒绝，然后找机会逃跑。在保证自己生命安全后，一定要第一时间告诉父母，不要惧怕他人的威胁和恐吓，不要觉得丢人。并且，对于有上述遭遇的男孩，要适时进行心理疏导，给予他安全感和关爱，有必要的话，还需要向专业人士寻求帮助。